Die in den Sitzungsberichten Abtlg. I und Abtlg. II a der math.-nat. Klasse der Österr. Ak. d. Wiss. erscheinenden Abhandlungen werden auch einzeln abgegeben. Sie können durch jede Buchhandlung oder direkt durch die Auslieferungsstelle der Österreichischen Akademie der Wissenschaften (Wien I, Singerstraße 12) bezogen werden.

Nachfolgende Abhandlungen aus dem Fache **Botanik** (Biologie) sind erschienen:

1950 (S I Bd. 159):

Cholnoky B. v. und Höfler K.: Vergleichende Vitalfärbungsversuche an Hochmooralgen (mit 23 Textabbildungen), 39 Seiten. S 29.40

1951 (S I Bd. 160):

Biebl R.: Bodentemperaturen unter verschiedenen Pflanzengesellschaften (mit 9 Textabbildungen), 19 Seiten. S 13.—

Fritz Anna: Veränderungen von Plasmaeigenschaften durch Vitalfarbstoffe, I. Prune pure, 99 Seiten. S 19.—

Kasy Rosemarie: Untersuchungen über Verschiedenheiten der Gewebeschichten krautiger Blütenpflanzen in Beziehung zu entwicklungsgeschichtlichen Befunden Hans Winklers an Pfropfbastarden (mit 2 Textabbildungen), 63 Seiten. S 29.—

Kopetzky-Rechtperg O.: Über eine Mißbildung der Alge Netrium digitus (Ehrenberg) Itzigs und Rothe (mit 1 Textabbildung), 5 Seiten. S 2.50

Krebs Ingeborg: Beiträge zur Kenntnis des Desmidiaceen-Protoplasten: I. Osmotische Werte. II. Plastidenkonsistenz (mit 3 Textabbildungen), 34 Seiten. S 20.—

Loub W.: Über die Resistenz verschiedener Algen gegen Vitalfarbstoffe (mit 4 Textabbildungen), 37 Seiten. S 20.—

Luhan Maria: Zur Wurzelanatomie unserer Alpenpflanzen: I. Primulaceae (mit 10 Textabbildungen), 26 Seiten. S 12.50

Stadelmann E.: Zur Messung der Stoffpermeabilität pflanzlicher Protoplasten: I. Die mathematische Ableitung eines Permeabilitätsmaßes für Anelektrolyte (mit 6 Textabbildungen), 26 Seiten. S 16.—

Weber E.: Physiologische Untersuchungen an Euglena olivacea. 23 Seiten. S 7.—

1952 (S I Bd. 161):

Cholnoky B. J. v.: Beobachtungen über die Plasmolyse: I. Die protoplasmatische Wirkung von NaCl-, NaOH- und HCl-Gemischen auf Delphinium-Blumenblattzellen (mit 7 Tafeln), 18 Seiten. S 12.90

Höfler K., w. M., und Loub W.: Algenökologische Exkursion ins Hochmoor auf der Gerlosplatte (mit 2 Textabbildungen), 21 Seiten. S 10.70

Kopetzky-Rechtperg O.: Artenliste von Desmidiales aus den österreichischen Alpen (mit 1 Textabbildung), 22 Seiten. S 9.40

Krebs Ingeborg: Beiträge zur Kenntnis des Desmidiaceen-Protoplasten: III. Permeabilität für Nichtleiter (mit 6 Textabbildungen), 37 Seiten. S 23.80

Küster E.: Beobachtungen über die Wirkungen des Ultraschalls auf lebende Pflanzenzellen, 13 Seiten. S 5.—

Luhan Maria: Zur Wurzelanatomie unserer Alpenpflanzen: II. Saxifragaceae und Rosaceae (mit 15 Textabbildungen), 38 Seiten. S 16.70

Stadelmann E.: Zur Messung der Stoffpermeabilität pflanzlicher Protoplasten, II. (mit 5 Textabbildungen), 35 Seiten. S 25.70

Toth-Ziegler Annemarie: Rot fluoreszierende Inhaltskörper bei Leguminosen (mit 22 Textabbildungen), 44 Seiten. S 22.40

Wawrik Friederike: Grundwasserstudie (mit 7 Textabbildungen), 20 Seiten. S 12.50

Wiesner Gertraud: Die Bedeutung der Lichtintensität für die Bildung von Moosgesellschaften im Gebiet von Lunz, 24 Seiten. S 10.80

1953 S I Bd. 162:

Cholnoky B. J. v.: Beobachtungen über die Plasmolyse II. Zur Protoplasmatik der Staubblatthaarzellen von Tradescantia (mit 31 Textabbildungen). S 11.40

Cholnoky B. J. v. und Schindler H.: Die Diatomeengesellschaften der Ramsauer Torfmoore (mit 41 Textabbildungen). S 15.60

Hirn Ilse: Vitalfärbung von Diatomeen mit basischen Farbstoffen (mit 8 Textabbildungen) S 16.20

Huber Elfriede: Beitrag zur anatomischen Untersuchung der Antheren von Saintpaulia (mit 6 Textabbildungen). S 4.90

Lenk Ingeborg: Über die Plasmapermeabilität einer Spirogyra in verschiedenen Entwicklungsstadien und zu verschiedener Jahreszeit (mit 1 Textabbildung und 1 Tafel). S 20.—

Loub W.: Zur Algenflora der Lungauer Moore (mit 3 Textabbildungen). S 22.90

Wimmer Ch. und Höfler K.: Über die Eigenfluoreszenz lebender, absterbender und toter Florideenzellen (mit 3 Textabbildungen). S 9.60

Diskus A.: Vom Osmoseverhalten halophiler Euglenen vom Neusiedler See (mit 3 Tafeln). S 8.50

Additional material to this book can be downloaded from http://extras.springer.com.

ISBN 978-3-662-23180-7   ISBN 978-3-662-25172-0 (eBook)
DOI 10.1007/978-3-662-25172-0

Softcover reprint of the hardcover 1st edition 1954

Pollenanalytische (palynologische) Untersuchungen an der untermiozänen Braunkohle von Langau bei Geras, N.-Ö.

Von Dr. Hertha Obritzhauser-Toifl

Mit 33 Textabbildungen und 1 Pollendiagramm

(Vorgelegt in der Sitzung am 24. Juni 1954)

I. Einleitung und Problemstellung.

Die Paläobotanik bedient sich heute neben der morphologischen Bearbeitung fossiler Pflanzenreste vor allem der Stelen-, der Kutikular- und der Pollenanalyse. Der Feinbau der rezenten Pflanze, ihres Holzkörpers, ihrer Blattepidermis und bei der Blütenpflanze ihres Pollens weist für die Gattung und oft auch für die Art charakteristische Merkmale auf. Dasselbe gilt auch für die fossile Pflanze, so daß die histologische Untersuchung ein wertvolles Hilfsmittel zur Bestimmung fossiler Pflanzenreste darstellt.

Stelenanalyse, Kutikularanalyse und Pollenanalyse (= Palynologie) sind vor allen Dingen dann von großem Wert, wenn eine morphologische Bearbeitung bestimmter Floren mangels gut erhaltener Abdrücke oder Intuskrustationen nicht möglich ist. Dieser Fall ist in den tertiären Braunkohlenlagern sehr häufig. Wenn auch die Begleitschichten, das Liegende und das Hangende, des öfteren Blattabdrücke in reicher Menge liefern, so muß das damit erhaltene Florenbild nicht mit der Flora des Flözes übereinstimmen. Über diese kann nur das Flöz selber mit seinen Holzresten, seinen Kutikulen, vor allem aber mit seinem Pollengehalt Aufschluß geben.

Die paläobotanische Bearbeitung der österreichischen Braunkohlenlager konzentrierte sich bis vor kurzem besonders auf die Stelenanalyse. Frau Prof. Dr. E. Hofmann und ihren Schülern sind mehrere Arbeiten über die Kohle des Hausrucks und der Grillenberger Mulde zu danken. Ebenfalls unter ihrer Leitung wurde die erste pollenanalytische Untersuchung eines österreichischen Braunkohlenvorkommens — der oberpannonen Braunkohle von Neufeld, N.-Ö. — von W. Klaus durchgeführt. Die Ergebnisse waren so ermutigend, daß die pollenanalytische Bearbeitung weiterer österreichischer Braunkohlenlager wünschenswert erschien. Dies um so mehr, da in Deutschland vor allem durch R. Potonié, F. Thiergart, P. W. Thomson und andere die Tertiärpalynologie mit Erfolg betrieben wird. Den bahnbrechenden Arbeiten dieser Forscher ist es zu danken, daß auf palynologischer Grundlage nicht nur die Kenntnis der mitteleuropäischen Tertiärflora bedeutend erweitert wurde, sondern die Brauchbarkeit der Methode für stratigraphische Zwecke heute als erwiesen gelten kann.

Mit den paläobotanischen Untersuchungen an der Braunkohle von Langau bei Geras in Niederösterreich wurde völliges Neuland betreten. Das Schwergewicht ist auf die palynologische Bearbeitung des Hauptflözes gelegt, daneben haben aber auch Holz- und Kutikularreste Beachtung gefunden. Frühere paläobotanische Arbeiten über die Langauer Braunkohle sind nicht bekannt, da der planmäßige Abbau und damit der Aufschluß des Vorkommens erst wenige Jahre zurückreicht. Desgleichen war über die stratigraphische Einstufung des Vorkommens nicht viel bekannt, als diese Arbeit begonnen wurde.

Es ergab sich daher folgende Problemstellung:

I. **Die Feststellung der Flora der Langauer Braunkohle.**

II. **Die Ergänzung der bekannten Tertiärflora Mitteleuropas.**

III. **Die pollenanalytisch-stratigraphische Einstufung des Braunkohlenvorkommens.**

Auf Grund neuer Fossilfunde konnte die sichere stratigraphische Einstufung des Langauer Braunkohlenlagers in das Burdigal durch H. Zapfe (1953) vorgenommen werden. Das Ergebnis der palynologischen Untersuchung wird dadurch besonders für stratigraphische Vergleichszwecke wertvoll.

II. Der Bergbau in Langau.

Der kleine Ort Langau in Niederösterreich, der in den letzten Jahren durch den Abbau seines Braunkohlenvorkommens bekanntgeworden ist, liegt in unmittelbarer Nähe der österreichisch-tschechoslowakischen Landesgrenze im nordwestlichen Teil des Waldviertels. Das Braunkohlenlager selbst befindet sich nördlich von Langau im sogenannten „Schaffinger Feld" an der Straße nach Schaffa, das bereits auf tschechischem Boden liegt.

Die Kenntnis des Braunkohlenvorkommens in Langau soll auf die Zeit des Bahnbaues Retz—Drosendorf zurückgehen. Der zum Bahnbau benützte Sand wurde von Grundstücken nördlich von Langau gewonnen, wobei man auf die Kohlenschichten stieß. In den Jahren 1910/11, 1920 und 1936 wurden von verschiedenen Interessenten Bohrungen durchgeführt, wobei ein Kohlenflöz von 1,5—4,0 m Mächtigkeit festgestellt werden konnte. Alle Versuche, das Flöz abzubauen, schlugen wegen Wassereinbruchs fehl. Seit 1948 wird die Langauer Braunkohle von der Bergbauförderungsgenossenschaft m. b. H. planmäßig gewonnen. Die Produktion ist seither erheblich gestiegen, und zwar von 1353 Tonnen im Jahre 1948 bis auf 236.000 Tonnen im Jahre 1951.

Entgegen der Annahme Petrascheks (1926—1929), wonach das Kohlenvorkommen durch einen Grundgebirgsrücken in zwei Mulden zerteilt sein soll, haben die in der letzten Zeit durchgeführten Bohrungen ergeben, daß die Kohle in einer einheitlichen Mulde abgelagert ist. Diese Mulde liegt nör'lich von Langau und folgt dem Langauer Bach bis fast an die tschechoslowakische Grenze, reicht aber auch an einigen Stellen weiter nach Westen und greift auf das Gebiet westlich der Straße Langau—Schaffa über. Der südliche Muldenrand war bei Abschluß der Arbeit noch nicht bekannt.

Das Hauptflöz ist durchgehend entwickelt, ein Oberflöz ist nur an einzelnen Stellen der Mulde ausgebildet. Die Mächtigkeit der Überlagerung schwankt nach den bisherigen Bohrergebnissen zwischen 1,8 und 18,0 m. Das Hauptflöz ist 0,2—4,1 m stark, das Oberflöz weist nur geringe Mächtigkeiten von 0,2—1,8 m auf. Die gewinnbaren Kohlenreserven sollen nach den bisherigen Bohrergebnissen 3,280.000 Tonnen betragen.

Der Abbau des Langauer Braunkohlenvorkommens wird im Tagbau durchgeführt. Die Freilegung der Kohle erfolgt mit Löffel- und Eimerkettenbagger. Mit dem gewonnenen Abbaumaterial wird der ausgekohlte Teil der Grube wieder verstürzt, so daß schließlich die ursprüngliche Niveaufläche wiederhergestellt und rekultiviert werden kann. Die Loslösung der Kohle vom Flöz und die Verladung in die Grubenhunde übernimmt ebenfalls der Bagger. Lokomotiven bringen die Hunde zu einer Kettenbahn, die sie in die Brecheranlage befördert. Kohlenbrocken mit einer Größe über 120 mm werden hier zerkleinert. Das Fördergut wird schließlich mit einer Hochseilbahn in die Sieberei transportiert, die sich im Bereich des Bahnhofes Langau befindet, so daß die Kohle mit Hilfe von Rutschen direkt in die Waggons verladen werden kann.

Die Langauer Braunkohle ist eine ausgesprochen xylitische Braunkohle und nach Petrascheck in die Gruppe „stückige Weichbraunkohlen" einzuordnen. Sie ist in Sand- und Tegellagen eingebettet. Die Flöze selbst sind rein oder fast rein, das heißt, daß in der Regel störende Zwischenmittel fehlen. Der durchschnittliche Heizwert der Kohle wird mit 2500—2700 cal angegeben.

Den Ausführungen H. Vetters (Erläuterungen zur geol. Karte von Österreich und seinen Nachbargebieten, Wien 1937) und L. Waldmanns (Das außeralpine Grundgebirge der Ostmark; F. Schaffer, Geologie der Ostmark, Wien 1943) zufolge geht hervor, daß auf Grund von aufgefundenen Cyrenenresten (Bivalven) die Langauer Braunkohlenablagerung in das Oligozän eingestuft wurde. Außer diesen Cyrenen waren aus der schlecht aufgeschlossenen Lagerstätte keine Fossilfunde bekannt.

Durch den planmäßigen Abbau des Vorkommens in den letzten Jahren wurden weitere Fossilien zutage gefördert. Nach H. Zapfe, der die Bearbeitung durchführte, ist die Einstufung des Langauer Braunkohlenvorkommens in das Burdigal (unteres Miozän) als sicher anzunehmen, und zwar aus folgenden Überlegungen:

Der Fund eines Mastodonzahnrestes schließt für das Vorkommen oligozänes Alter aus, da die Gattung Mastodon erstmalig im Burdigal Europas aufscheint (vgl. A. Papp u. E. Thenius, 1949).

Das Vorkommen von Sirenenrippen beweist den marinen Ursprung des Liegenden. Das Gebiet um Langau mit seiner Seehöhe von 430 m konnte nur im Burdigal unter dem Meeresspiegel liegen, als die Transgression eine Höhe von 500 m erreichte. Die helvetische Transgression bleibt demgegenüber zurück, so daß aus diesem Grund eine Einstufung in diese oder jüngere Schichten nicht möglich ist.

Die Funde von Cyrenen widersprechen diesen Tatsachen nicht, da sie keineswegs nur auf das Oligozän beschränkt sind, sondern in Bayern und Frankreich bis in das Burdigal hineinreichen.

III. Paläobotanische Untersuchungen.
a) Fossile Holz- und Kutikulareste.

An Hand einer größeren Anzahl von Schnitten und Schliffen durch xylitisches, fusitisches und intuskrustiertes Kohlenmaterial konnten ausschließlich Koniferenholzreste nachgewiesen werden. In mehreren Fällen gestattete der schlechte Erhaltungszustand keine nähere Bestimmung. Sicher nachgewiesen wurde die Gattung *Taxodioxylon* Gothan, mit großer Wahrscheinlichkeit die Art *Taxodioxylon sequoianum*. Diese Form entspricht der rezenten *Sequoia sempervirens*, dem sogenannten Red Wood, die heute in den Coast Ranges Kaliforniens wild wächst. Die fossile Form gilt als einer der Hauptbraunkohlenbildner des Tertiärs und wird in den meisten Flözen reichlich angetroffen. Angiospermenholz konnte nur in Form von mikroskopisch kleinen Gefäßresten aufgefunden werden, die in fusitischer oder xylitischer Erhaltung in Mazerationspräparaten (die für die pollenanalytischen Untersuchungen hergestellt wurden) vorlagen.

Unmittelbar über dem Liegenden, also an der Basis des Langauer Hauptflözes, befindet sich eine zirka 10 cm mächtige Lage einer Kohle, die nicht verwertet wird. Das zu größeren Haufen zusammengeschüttete Material läßt sich leicht in feine Lagen aufspalten. Die Spaltflächen sind mit grünbraunen, länglichschmalen Gebilden übersät, die den Eindruck parallelnerviger Blattreste machen. Dazwischen findet man auch verzweigte Gebilde, die sich leicht abheben lassen und vielleicht Zweigreste darstellen. Da die Reste für eine morphologische Bearbeitung nicht brauchbar waren, wurde versucht, durch Mazeration des Materials Kutikulapräparate zu erhalten. Abgesehen von einem wenige Zellen großen Kutikularest, der an Hand des typischen Spaltöffnungsapparates zu *Glyptostrobus* sp. gehörig erkannt wurde, stammen alle beschriebenen Reste aus der blättrigen Kohlenschicht unmittelbar über dem Liegenden des Flözes. Neben vorläufig nicht näher bestimmbaren Kutikulen von Früchten treten häufig Reste auf, die mit Moossporangien in Verbindung gebracht wurden. Ungemein reichlich sind in dem Material Wurzelbildungen, die mit großer Wahrscheinlichkeit zu *Thypha* sp. gehören, wie der Vergleich mit rezentem Material gezeigt hat. Ob ein Zusammenhang zwischen diesen Resten und den beschriebenen Blattabdrücken monokotyler Pflanzen besteht, konnte nicht ermittelt werden.

b) Pollenanalytische (palynologische) Untersuchungen.

Will man an die Bestimmung fossilen Pollens herangehen, leisten die zahlreichen Abbildungen und guten Beschreibungen Potoniés, Thiergarts, Thomsons u. v. a. wertvolle Dienste. Es ist aber trotzdem unerläßlich, immer wieder auf rezentes Vergleichsmaterial zurückzugreifen, um die Zugehörigkeit der fossilen Pollenformen zu bestimmten Pflanzenarten, Gattungen oder Familien festzustellen. Die vornehmste Aufgabe der Pollenanalyse ist es ja, an Hand des Pollenbildes Aussagen über die Flora der betreffenden Ablagerung und darüber hinaus über klimatische und ökologische Verhältnisse zur Zeit ihrer Bildung machen zu können.

Aus den Sedimenten lassen sich nur mehr Exinen bzw. Exospore isolieren, die durch ihren Gehalt an Sporopollenin den Fossilisationsprozeß überdauern konnten. Alle Inhaltsstoffe sowie die aus Zellulose bestehende Intine werden im Laufe dieses Prozesses zerstört. Ein ähnlicher Zustand muß bei rezenten Pollenkörnern oder Sporen herbeigeführt werden, will man sie zum Vergleich mit fossilen Formen heranziehen. Diese „künstliche Fossilisation" gelingt gut mit der Erdtmanschen Essigsäureanhydrit-Schwefelsäure-Methode. Um das Vergleichsmaterial immer zur Hand zu haben, wurden Dauerpräparate des vorbehandelten Pollens angefertigt.

Die Entnahme der Braunkohlenproben für die pollenanalytische Untersuchung erfolgte am senkrechten Aufschluß des Kohlenstoßes mit ungestört überlagerndem Hangenden. Um nicht Gefahr zu laufen, daß angeflogene, rezente Pollenkörner in die Proben geraten, wurde zunächst eine 10 cm breite und ebenso tiefe Rinne senkrecht aus dem Kohlenstoß herausgearbeitet. Aus dieser Rinne konnten nun die Proben in Abständen von 10 cm entnommen werden.

Hinsichtlich der Aufbereitungsmethoden weist Kirchheimer (1935) des öfteren darauf hin, daß die Verwendung oxydierender Agenzien zur Mazeration von Braunkohlen zu Schädigungen und selektiver Auslese des Pollens führt. Trotzdem diente bei der Aufbereitung des vorliegenden Materials hauptsächlich die

Salpetersäuremethode, da die Behandlung mit Alkalien (z. B. mit 10%iger Kalilauge bei längerer Einwirkung nach Kirchheimer, 1935) nicht genügt, Pollen oder Sporen aus der Kohle freizumachen. Thiergart (1940) empfiehlt, ein Stück Kohle (10—20 g) zerkleinert oder unzerkleinert in einem Litergefäß mit etwa 50 cm³ Wasser und darnach mit 50 cm³ 60%iger Salpetersäure zu übergießen. Die Einwirkungsdauer beträgt 24 Stunden. Nach dieser Zeit werden die Litergefäße ohne die Salpetersäure zu entfernen, bis zum Rand mit Wasser gefüllt. Nach weiteren 24 Stunden werden die Proben dekandiert, mit 7%iger Kalilauge übergossen, sofort zentrifugiert und der Satz bis zur Klärung des überstehenden Wassers ausgewaschen. Der Satz kann nach kurzem Ablaufen in Glyzeringelatine aufgenommen werden. Vorversuche nach diesem Verfahren lieferten kein befriedigendes Ergebnis. Abgesehen vom geringen Pollengehalt der Präparate waren fast alle Exinen ziemlich stark korrodiert und für eine nähere Bestimmung unbrauchbar. Nur die als sehr resistent bekannten Pilzsporen lagen in guter Erhaltung vor. Es war daher notwendig, die Säurekonzentration und Einwirkungsdauer entsprechend abzuändern. Die Verwendung von 20%iger Salpetersäure bei höchstens 18stündiger Einwirkungsdauer hat sich schließlich am besten bewährt. Eine langsame weitere Oxydation durch 24 Stunden hat sich als zweckmäßig erwiesen. Dazu wurde die Mazerationsflüssigkeit auf eine Säurekonzentration von etwa 5% mit Wasser verdünnt. Im übrigen konnte nach der von Thiergart (1940) angegebenen Methode vorgegangen werden.

Proben mit ausgesprochen geringer Pollenführung bzw. mit schlecht erhaltenen Exinen wurden nochmals mit Hilfe der Essigsäureanhydrit-Schwefelsäure-Methode aufbereitet. Dieses Verfahren, von Erdtman (Bertsch, 1942) hauptsächlich für Sphagnumtorf eingeführt, läßt sich in manchen Fällen auch für Braunkohle verwenden. Bei der Bearbeitung der Langauer Braunkohlenproben nach diesem Verfahren fanden sich relativ gut erhaltene Exinen in den Präparaten. Es mußte allerdings die starke Verunreinigung mit nicht mazeriertem, kohligem Material und der dadurch bedingte, geringe Pollengehalt in Kauf genommen werden.

Vom Zentrifugenrückstand wurden hauptsächlich Dauerpräparate hergestellt. Als Einschlußmittel diente Glyzeringelatine, die das pollenführende Material fein verteilt unter dem Deckglas festlegt. Das Auszählen von Pollen und Sporen wird dadurch erleichtert und ein späteres Auffinden bereits bestimmter Formen möglich.

Um die Exinen und vor allem ihre Skulptur besser erkennen

zu können, ist die Färbung der Präparate von Vorteil. Als Farbstoff diente mit sehr gutem Erfolg Methylenblau nach L ö f f l e r.

Zur mikroskopischen Untersuchung der Präparate stand mir ein Mikroskop der Firma W a t s o n mit Kreuztisch zur Verfügung. Zur Bestimmung der Exinen und ihres mengenmäßigen Anteils an der Probe eignete sich die 420fache Vergrößerung am besten. Die Präparate wurden dabei in horizontalen Reihen durchgezählt und am Ende jeder Reihe vertikal um 0,5 mm verschoben. Da bei der verwendeten Vergrößerung das Gesichtsfeld etwa 0,2 mm im Durchmesser hat, blieben zwischen den Zeilen 0,3 mm breite Streifen, die nicht mituntersucht wurden. Diese Streifen sind breit genug, um auch sehr große Exinen vollständig aufzunehmen, wodurch ein mehrmaliges Auszählen einzelner Körner verhindert wird. Alle aufgefundenen Pollen und Sporen wurden mit Kreuztischzahlen festgehalten. Von den einzelnen Proben gelangten etwa 150—200 Exinen zur Auszählung, ausgesprochen pollenarme Proben konnten nicht berücksichtigt werden. Um auch die seltenen, nur vereinzelt auftretenden Formen zu erfassen, wurde eine größere Anzahl von Präparaten mit schwächerer Vergrößerung (90fach) durchgesehen. Wie beim Auszählen wurden die Präparate zunächst in horizontalen Reihen unter dem Objektiv durchgezogen und am Ende jeder Reihe ungefähr um den Durchmesser des Gesichtsfeldes vertikal verschoben. Dadurch war es möglich, das gesamte, unter einem Deckglas befindliche pollenhaltige Sediment verhältnismäßig rasch durchzusehen und auffällige Formen festzuhalten. Zur Bestimmung dieser Formen wurde mit 420facher, wenn nötig mit 1000facher Vergrößerung gearbeitet. Wenigstens 4, meistens aber 6—10 Präparate einer Probe gelangten zur Untersuchung. Es ist zu hoffen, daß dadurch wenigstens ein Großteil der seltenen, in der Langauer Braunkohle vorkommenden Sporomorphen erfaßt werden konnte.

Aus technischen Gründen konnten der vorliegenden Arbeit nur Zeichnungen beigegeben werden. Diese wurden in Anlehnung an die Mikrophotographien der Originalarbeit hergestellt. Die lineare Vergrößerung aller Abbildungen ist etwa 350fach.

Beschreibung der Pollen und Sporen.

Flügelloser Koniferenpollen.

Es ist eine bekannte Tatsache, daß ungeflügelter Koniferenpollen bis auf wenige Ausnahmen (das sind *Larix*, *Sciadopitys* und *Tsuga*) der Bestimmung große Schwierigkeiten entgegensetzt. Der

Grund hiefür liegt einerseits in dem wenig typischen Bau der Exine, der innerhalb der Familien der *Taxaceae* und *Cupressoideae* sehr ähnlich ist und daher selbst die Eingliederung in eine bestimmte Familie sehr erschwert. Die Pollenkörner sind in der Regel kugelig und besitzen eine mehr oder weniger deutlich ausgebildete Keimstelle (sie fehlt bei *Taxus, Juniperus* und *Thuja*). Diese Keimstelle tritt häufig als papillenförmige Vorwölbung der Exine in Erscheinung. Die Ektexine ist fein granuliert. Durch Quellung kommt es oft zu einem zweiklappigen Aufspringen der Körner, die sich außerdem noch verfalten können.

An Hand von rezentem Pollenmaterial haben Wodehouse (1933) und in letzter Zeit Klaus (1950) versucht, die Exinenornamentation sowie die Ausbildung, Gestalt und Lage der Keimstelle zur Unterscheidung dieser Pollenformen heranzuziehen. Es hat sich aber gezeigt, daß auch an rezentem Material nur ein gewisser Prozentsatz von Pollenkörnern sicher bestimmt werden kann, nämlich jener, der durch die Aufbereitung nicht wesentlich geschädigt wurde und unter dem Deckglas so zu liegen kommt, daß die Gestalt und Lage der Keimstelle deutlich sichtbar ist. Viele Körner liegen jedoch so, daß die Keimstelle in der Aufsicht in Erscheinung tritt oder bei geplatzten und verfalteten Exinen überhaupt nicht mehr gefunden werden kann.

Ungleich schwieriger wird die Bestimmung an fossilem Material, besonders dann, wenn es sich um Exinen aus stark zersetzter Kohle handelt. Es überwiegen dann bei weitem die verfalteten, geplatzten Formen, während solche mit noch sichtbarer Pore weniger häufig, mit gut erkennbarer, alle Einzelheiten zeigender Keimstelle nur selten auftreten. Es ist daher in diesen Fällen kaum möglich, eine Zuweisung der Exinen zu den von Thiergart (1940) aufgestellten Gruppen durchzuführen. Die Gruppe der *Taxodieae* wird demnach unterteilt:

Sequoia-Poll. polyformosus Thierg. (Papille in seitlicher Lage deutlich sichtbar). *Taxodieae: Poll. hiatus* R. Pot. (zweiklappig aufgeplatzte Exinen). Weitere *Taxodieen* (sie zeigen die Papille wenig oder gar nicht, gleichen sonst *Poll. polyformosus*).

Daneben wird eine Gruppe *Poll. magnus dubius* R. Pot. geführt, die Pollenformen umfaßt, die sich weder bei den *Taxodieen* noch bei anderen Gattungen mit charakteristischen Formen unterbringen lassen. Es handelt sich hiebei um glatte oder fein granulierte, sekundär immer stark gefaltete, ziemlich uncharakteristische Häute, deren Pollennatur des öfteren überhaupt in Frage gestellt wurde. Bei den erwähnten Typen handelt es sich nur um Erhaltungszustände. Die Formen mit ausgebildeter Papille können je nach ihrer Lage im Präparat als *Poll. polyformosus* Thierg., als *Poll. hiatus* R. Pot., als „weitere *Taxodieen*" oder als völlig verfaltete *Poll. magnus dubius* R. Pot. in Erscheinung treten. Formen ohne Papille zeigen sich als *Poll.-hiatus*-Typ oder als *Poll. magnus dubius*.

Bei der Bearbeitung des Langauer Materials hat sich gezeigt, daß Exinen vom Typ *Sequoia-Poll. polyformosus* T h i e r g. nahezu fehlen, *Poll.-hiatus*-Formen und „weitere *Taxodieen*" verhältnismäßig selten sind. Hingegen erreichen die völlig verfalteten *Poll.-magnus-dubius*-Typen verbüffend hohe Prozentsätze. Diese Formen werden von T h i e r g a r t (1940) mit *Taxaceen* und *Cupressineen* verglichen. Es ist äußerst unwahrscheinlich, daß die als Hauptbraunkohlenbildner bekannten Taxodieen, allen voran die fossile Form der *Sequoia sempervirens*, die in Langau sicher nachgewiesen werden konnte und reichlich vorkommt, in der Kohle keinen Pollenniederschlag hinterlassen haben soll. T h i e r g a r t (1940) weist darauf hin, daß eine völlige Trennung der *Taxodieen* von anderen flügellosen Koniferenpollenformen insbesondere dann nicht möglich ist, wenn die Zersetzung des untersuchten Materials zu weit vorgeschritten war. Dies dürfte in Langau der Fall sein. Aus diesen Erwägungen heraus wurden bei der Untersuchung des vorliegenden Materials die Bezeichnungen *Sequoia-Poll. polyformosus* Thierg., *Taxodieae-Poll. hiatus* R. Pot., weitere *Taxodieen* (Thierg.) und *Poll. magnus dubius* fallen gelassen und durch die Bezeichnung „flügelloser Koniferenpollen s. str." (*Taxaceae, Taxodieae, Cupressoideae*) ersetzt. Die bestimmbaren *Larix-, Tsuga-* und *Sciadopitys*-Formen werden als „flügelloser Koniferenpollen s. l." bezeichnet.

F l ü g e l l o s e r K o n i f e r e n p o l l e n s. s t r.

1931: *Poll. hiatus* R. Pot., Jb. preuß. geol. L. A.; 1933: *Poll. hiatus* R. Pot., Arb. Inst. Paläobot. 4; 1933: *Taxodium hiatipites* Wodehouse, Bull. Torr. Bot. Club. 60; 1934: *Poll. hiatus lacertus* R. Pot., Arb. Inst. Paläobot. 4; 1934: *Poll. magnus dubius* R. Pot. u. Ven., Arb. Inst. Paläobot. 5; 1937: *Poll. magnus dubius* R. Pot. Thierg., Jb. preuß. geol. L. A. 58; 1937: *Poll. hiatus* R. Pot. Thierg., Jb. preuß. geol. L. A. 58; 1937: *Sequoia-Poll. polyformosus* Thierg., Jb. preuß. geol. L. A. 58; 1940: „Weitere Taxodieen" Thierg., Brennst. Geol. H. 13; 1950: *Poll. magnus dubius* R. Pot., R. Pot., Thomson, Thiergart, Jb. preuß. geol. L. A. 65; 1950: *Taxodioidites hiatus* R. Pot., R. Pot., Thomson, Thiergart, Jb. preuß. geol. L. A. 65; 1951: *Taxodioipoll. hiatus* R. Pot., Paläontogr., Bd. XCI, Abt. B; 1951: *Sequoioipoll. polyformosus* Thierg., R. Pot., Paläontogr., Bd. XCI, Abt. B.

Die in diese Sammelgruppe gestellten Exinen zeigen sich zum größten Teil als dünne, mehr oder weniger deutlich granulierte Häutchen. Sie sind immer stark verfaltet oder zweiklappig aufgesprungen. An Hand ihrer Größe lassen sie sich unschwer in zwei Gruppen teilen. Die einen — sie sind die wesentlich häufigeren und stellen den Großteil der „flügellosen Koniferenpollen s. str." im Profil — sind 20—24 μ groß, die anderen durchschnittlich 30 μ. Exinen, die ihre Zugehörigkeit zu den *Taxodieen* noch erkennen lassen, sind in der Langauer Braunkohle ziemlich selten.

Die Gruppe des flügellosen Koniferenpollens s. str. bildet besonders mit den wenig charakteristischen, vollkommen verfalteten Formen den Hauptanteil des Pollengehaltes der Langauer Braunkohle. Ähnliche Verhältnisse zeigt die oberpannone Braunkohle von Neufeld (K l a u s 1950).

Sciadopitys-Poll. serratus R. Pot. & Ven. Abb. 1.

1924: *Sporites serratus* R. Pot., Arb. Inst. Paläobot. 5; 1935: Typ „A" Rudolph, Beih. Bot. Cbl., Bd. 54, Abt. B; 1937: *Sciadopitys-Poll. serratus* R. Pot. & Ven., Thierg., Jb. preuß. geol. L. A. 58; 1940: *Sciadopitys* Thierg.. Brennst. Geol. H. 13; 1949: *Sciadopitys* Thomson, Paläontogr., Bd. XCI, Abt. B: 1950: *Sciadopitys* cf. *verticillata* = *Poll. serratus* R. Pot. & Ven., R. Pot.. Thomson, Thiergart, Jb. preuß. geol. L. A., Bd. 65; 1951: *Sciadopitys-Poll. serratus* R. Pot., Paläontogr., Bd. XCI, Abt. B.

Pollen der japanischen Schirmtanne *Sciadopitys* ist in der Langauer Braunkohle nur selten. Die abgebildete Form ist rundlich und zeigt deutlich die von einem Pol zum anderen verlaufende „*Sciadopitys*-Falte". Typisch ist die aus derben, häufig gewundenen Leisten bestehende Exinenornamentation. Die Größe der aufgefundenen Formen beträgt etwa 36 μ.

Abb. 1. *Sciadopitys-Poll. serratus* R. Pot. & Ven.

Weitere Vorkommen: Oberoligozän von Rott (T h i e r g a r t, 1940). Untermiozän Grube Karl bei Zuckmantel (Böhm.) (R u d o l p h, 1935), Grube Marga (Niederlausitz) (T h i e r g a r t, 1940). Miozän Beisselsgrube (Ville) J a e g e r & W e y l a n d, 1934). Pliozän Machendorf (Böhmen) (R u d o l p h, 1934). Oberpliozän Freigericht bei Dettingen (W o l f f, 1934).

Laricoipollenites magnus R. Pot. Abb. 2.

1931: *Sporonites ? magnus* R. Pot., Braunkohle, H. 27; 1933: *Laevigata-Sporites ?* cf. *magnus* R. Pot. & Gell., S. B. Ges. Naturf. Fr. Berlin; 1934: *Pollenites magnus* R. Pot., Arb. Inst. Paläobot. 4; 1937: *Larix ?-Poll. magnus* R. Pot., Thierg., Jb. preuß. geol. L. A. 58; 1940: *Larix-Poll. magnus* R. Pot. Thierg., Brennst. Geol. H. 13; 1950: *Laricoidites magnus* R. Pot., R. Pot.. Thomson, Thierg., Jb. preuß. geol. L. A. 65; 1951: *Laricoipollenites magnus* R. Pot., Paläontogr., Bd. XCI, Abt. B.

Neben den kleinen, meist stark verfalteten „flügellosen Koniferenpollen s. str." treten viel seltener morphologisch gleichartige.

aber wesentlich größere Formen auf, die mit
den Abbildungen von *Laricoipoll. magnus*
R. Pot. übereinstimmen. Die Exine ist dünn,
meistens glatt oder fein granuliert. Häufiger
findet man eine kleinere, 50—60 μ messende
Form, die meist kaum gefärbt als hellblaues
Häutchen in Erscheinung tritt. Wesentlich
seltener ist eine sehr große Exine anzutreffen
(Größe 80 μ), die eine zarte Granulierung erkennen läßt (Abb. 2). Zum Vergleich wurde
frischer Pollen von *Larix decidua* herange-
zogen, der mit der Großform weitgehende Ähnlichkeiten aufweist.

Abb. 2. *Laricoipoll. magnus* R. Pot. Groß-form.

Weitere Vorkommen: Eozän Braunkohle von Dorog, Ungarn
(Potonié & Gelletich 1933). Miozän Grube Marga, Nieder-
lausitz (Thiergart, 1937). Beisselsgrube (Ville) (Jaeger &
Weyland, 1934). Pliozän Neufeld (N.-Ö.) (Klaus, 1950). Grube
Freigericht bei Hanau (Wolff, 1934).

Koniferenpollen mit Luftsäcken.

Pollen mit besonderen Flugeinrichtungen, sogenannten Luftsäcken, ist insbesondere bei den *Abietaceae* mit Ausnahme von
Larix, *Tsuga* und *Pseudotsuga* ausgebildet. Innerhalb der *Taxaceae* finden sich bei den *Podocarpeae* Übergänge von Formen mit
Flügelansätzen über zweiflügelige zu dreiflügeligen Pollenkörnern.

Geflügelter Koniferenpollen ist nach Thiergart (1940)
aus den meisten terrestrischen Ablagerungen des Tertiärs bekannt.
Besonders im Pliozän erreicht er hohe Prozentzahlen. In der Langauer Kohle spielt er gegenüber den ungeflügelten Formen nur eine
untergeordnete Rolle.

Podocarpus-Typ (?). Abb. 3.

1936: *Podocarpus* sp. Simpson, Proc. Roy. Soc. Edinburgh, Vol. LVI;
1937: *Podocarpus* Thierg., Jb. preuß. geol. L. A. 58; 1940: *Podocarpus* Thierg..
Brennst. Geol. H. 13; 1950: *Podocarpoidites libellus* R. Pot., R. Pot., Thomson,
Thierg., Jb. preuß. geol. L. A.

Im vorliegenden Probenmaterial wurden vereinzelt Exinen angetroffen, die in ihrer Größe ungefähr an die kleinen *Pinus-haploxylon*-Typen heranreichen, sich von diesen aber
wesentlich unterscheiden. Die Flügel der Exinen
sind immer schmetterlingsartig ausgebreitet, wodurch sich ein charakteristisches Bild ergibt. Der
Pollenkörper ist im Vergleich zu den Flügeln klein,
rundlich bis rhombisch in der Form und mit einer
derben Randkrause umsäumt (Abb. 3). Die Exine

Abb. 3. *Podo-carpus*-Typ (?).

des Pollenkörpers ist fein punktiert. Die beiden seitlich ausgebreiteten, dreieckigen Flügel sind jeder für sich größer als der Pollenkörper, an dem sie mit gerader Linie ansitzen. Die Musterung der Luftsäcke besteht aus einem engmaschigen Netz, durch das die radiale Richtung besonders gegen die Flügelansatzstellen zu stärker betont ist. Diese Ornamentation ist im Vergleich zu *Podocarpoidites libellus* R. Pot. sowie zu rezentem *Podocarpus*-Pollen abweichend. In beiden Fällen zeigen die Flügel eine wesentlich weitmaschigere Netzstruktur. Aus diesem Grund wurden die vorliegenden Formen als *Podocarpus*-Typ(?) bezeichnet.

Sicher zu *Podocarpus* gehörender Pollen ist in der Neufelder Braunkohle anzutreffen (K l a u s 1950). Nach T h i e r g a r t sind die Exinen vom Oberoligozän bis zum Miozän vertreten.

Von den geflügelten *A b i e t i n e e n* - Pollen ist in der Langauer Braunkohle ausschließlich die Gattung *Pinus* vertreten. Wenn auch eine Artbestimmung innerhalb der Gattung unterbleiben muß. so lassen sich doch zwei morphologische Typen gut gegeneinander abgrenzen.

Bei der einen Form setzen die Luftsäcke mit ihrem größten Durchmesser am Pollenkorn an und sind ungefähr halbkreisförmig. Sie sind vom Korn nicht deutlich abgesetzt, die Luftsackmusterung geht vielmehr in die feinere Struktur des Pollenkörpers über. Die Umrißlinie des Gesamtkornes ist ungefähr elliptisch. Diese Form entspricht dem *Pinus-haploxylon*-Typ Rudolph bzw. dem *Poll. microalatus minor* R. Pot.

Die zweite Form besitzt etwa kugelige, in der Aufsicht kreisförmige Luftsäcke. Sie sind deutlich vom Korn abgesetzt und gegen die Ansatzstelle zu etwas eingezogen, so daß die Umrißlinie aus drei sich überschneidenden Kreisen gebildet wird. Diese Form wird als *Pinus-silvestris*-Typ Rudolph oder als *Poll. labdacus minor* R. Pot. bezeichnet.

Abietineae-Poll. microalatus minor R. Pot. (*Pinus-haploxylon*-Typ Rudolph). Abb. 4 u. 5.

1931: *Piceae ?-Poll. microalatus* R. Pot., Jb. preuß. geol. L. A. 52; 1931: *Pini-Poll. libellus* R. Pot., Jb. preuß. geol. L. A. 52; 1934: *Pollenites microalatus* R. Pot., Arb. Inst. Paläobot. 4; 1925: *Pinus-haploxylon*-Typ Rudolph, Beih. Bot. Cbl. Bd. 54, Abt. B.; 1937 *Pinus-Poll. microalatus* R. Pot., Thierg. Jb. preuß. geol. L. A. 58; 1940: *Pinus-haploxylon*-Typ Rudolph, Thierg.. Brennst. Geol. H. 13; 1950: *Pinus haploxylonoider (minor)* Typ Rudolph. R. Pot., Thomson, Thierg., Jb. preuß. geol. L. A. 65; 1951: *Abietineae-Poll. microalatus minor* R. Pot., Paläontogr., Bd. XCI, Abt. B.

Von den in ihrer Gesamtheit zwar regelmäßig aber nie sehr häufig auftretenden *Pinus*-Pollenformen ist der *Pinus-haploxylon*-Typ Rudolph der wesentlich häufigere. Die Exinen sind in der

Regel mit den Luftsäcken gemessen 60—66 μ lang, nicht selten finden sich auch kleinere Formen. Das Luftsackmuster setzt sich aus unregelmäßig gebogenen, kurzen Leisten zusammen, die ein

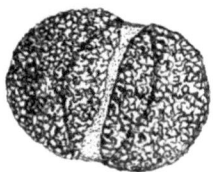

Abb. 4. *Abietineae-Poll. microalatus minor* R. Pot. Aufsicht.

Abb. 5. *Abietineae-Poll. microalatus minor* R. Pot. Seitenansicht.

nicht völlig geschlossenes Netz bilden. Diese Musterung geht allmählich in die dichte Punktierung des Pollenkörpers über.

Abietineae-Poll. microalatus minor R. Pot. ist aus allen Abschnitten des Tertiärs bekannt. Die Form ist am stärksten im Miozän vertreten und verschwindet im Pliozän (T h i e r g a r t, 1940).

Weitere Vorkommen: Eozän Grube Cecilie (Geiseltal) (P o t o n i é, 1934). Miozän Grube Marga (Niederlausitz) (T h i e r g a r t, 1937). Beisselsgrube (Ville) (J a e g e r & W e y l a n d, 1934), Nordböhmen (R u d o l p h, 1935). Pliozän Neufeld (N.-Ö.) (K l a u s, 1950).

Abietineae-Poll. labdacus minor R. Pot. (*Pinus-silvestris*-Typ Rudolph). Abb. 6 u. 7.

1934: *Poll. labdacus* R. Pot. & Ven., Arb. Inst. Paläobot. 5; 1935: *Pinus-silvestris*-Typ Rudolph, Beih. bot. Cbl., Bd. 54, Abt B; 1937: *Pinus-silvestris*-Typ Rudolph, Thierg., Brennst. Geol., H. 13; 1950: *Pinus silvestroider (mayor)* Typ Rudolph, Pot., Thomson, Thierg., Jb. preuß. geol. L. A. 65; 1951: *Abietineae-Poll. labdacus minor* R. Pot., Paläontogr., Bd. XCI, Abt. B.

Die Gesamtlänge der aufgefundenen Formen liegt zwischen 70 und 80 μ, sie sind also durchschnittlich größer als die *Pinushaploxylon*-Typen. Die Netzzeichnung der Luftsäcke ist gröber und geht nicht in die Punktierung des Pollenkörpers über.

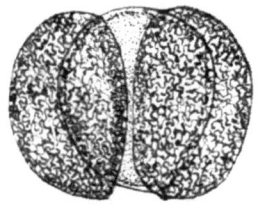

Abb. 6. *Abietineae-Poll. labdacus minor* R. Pot. Aufsicht.

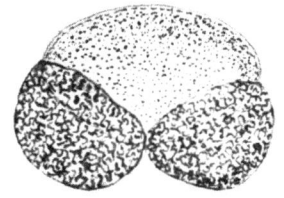

Abb. 7. *Abietineae-Poll. labdacus minor* R. Pot. Seitenansicht.

In der Langauer Braunkohle gehören die sicher als *Abietineae-Poll. labdacus minor* R. Pot. bestimmbaren Pollenformen zu den recht selten auftretenden Typen. In den meisten Proben fehlen sie überhaupt, kaum einmal erreichen sie 1% der Gesamtpollensumme. Nach T h i e r g a r t (1940) ist die Hauptverbreitungszeit der *Pinussilvestris*-Typen Rudolph das Pliozän.

Weitere Vorkommen: Miozän Grube Marga (Niederlausitz) T h i e r g a r t, 1937). Beisselsgrube (Ville) (J a e g e r & W e y l a n d, 1934). Tertiäre Ablagerungen Nordböhmens (R u d o l p h, 1935). Pliozän Neufeld (N.-Ö.) (K l a u s, 1950).

Angiospermen-Pollen.

A n g i o s p e r m e n p o l l e n tritt in der Langauer Braunkohle gegenüber dem Koniferenpollen — besonders gegenüber den ungeflügelten Formen — stark in den Hintergrund. Höhere Prozentsätze erreichen nur Formen, die von windblütigen Pflanzen stammen. Daneben findet sich eine Fülle von selteneren Typen, die — soweit sie wenigstens annähernd mit rezenten Pflanzenfamilien in Verbindung gebracht werden können — wertvolle Hinweise für die Rekonstruktion der Flora des Flözes (und der Umgebung bei seiner Bildung) geben. In Langau bleibt praktisch nur diese Möglichkeit, über die Angiospermenflora des Flözes einiges zu erfahren, da gut bestimmbare Makrofossilien — etwa Blattabdrücke oder Holzreste von Angiospermen — bis jetzt nicht aufgefunden werden konnten.

Aus der Angiospermenflora lassen sich außerdem wertvolle Rückschlüsse auf das Klima zur Zeit der Entstehung des Flözes und auf die allgemeinen Bildungsbedingungen ziehen. Auch in stratigraphischer Hinsicht sind viele Formen bedeutsam.

Alnus-Poll. verus R. Pot. (*Betulaceae.*)

1931: *Poll. verus* R. Pot., Braunkohle; 1931: *Alni-Poll. verus* R. Pot., Jb. preuß. geol. L. A. 52; 1933: *Alnus speciipites* Wodehouse, Bull. Torr. Bot. Club. 60; 1933: cf. *Alnus* Kirchheimer, Bot. Arch. 35; 1937: *Alnus-Poll. verus* R. Pot., Thierg., Jb. preuß. geol. L. A. 58; 1940: *Alnus*, Thierg., Brennst. Geol. H. 13.

Die Pollenkörner der Gattung *Alnus* sind sehr charakteristisch gebaut und daher auch im fossilen Zustand relativ leicht zu bestimmen. In der Polansicht sind die Exinen regelmäßig polygonal, je nach der Anzahl der in den Ecken liegenden Keimporen. In der Regel sind die Formen fünfeckig und fünfporig. Daneben findet man aber auch drei-, vier- und sechsporige Formen. Die Exine ist ziemlich dick und deutlich zweischichtig. Sehr charakteristisch sind die sogenannten „Bogenlinien" oder „Arci", die sich von Pore zu Pore schwingen und ein wichtiges Bestimmungsmerkmal darstellen. In der Seitenansicht erscheinen die Exinen dick linsenförmig, die meridional etwas gestreckten Poren liegen am Äquator. Die Bogenlinien erscheinen als Glieder einer Kette, die im Bereich der Poren ineinandergreifen und diese umschließen. Seitlich liegende Pollenkörner sind in den Präparaten jedoch sehr selten.

Erlenpollen ist in der Langauer Braunkohle nur selten anzutreffen, in den meisten Proben fehlt er überhaupt. Nach Thiergart (1940) ist die Form vom Eozän bis zum Miozän nicht sehr häufig, stärker verbreitet findet man sie erst im jüngeren Pliozän und im Diluvium.

Pollenites coryphaeus R. Pot. (*Betulaceae.*)
1934: *Coryli-Poll. coryphaeus* R. Pot., Arb. Inst. Paläobot. 4; 1937: *Corylus-Poll. coryphaeus* R. Pot., Thierg., Jb. preuß. geol. L. A. 58; 1940: *Corylus*-Typ Thierg., Brennst. Geol. H. 13; 1951: *Pollenites coryphaeus* R. Pot., Paläontogr., Bd. XCI, Abt. B.

Die hierher gestellten Formen sind in der Polansicht meistens dreieckig, mit je einer Pore an den Ecken, in Seitenansicht dick linsenförmig. Die deutlich zweischichtige Exine besteht aus einer dünnen Endexinenlamelle, die nicht bis zu den Poren reicht und einer etwas derberen Ektexine, die gegen die Poren zu leicht vorgezogen und etwas verdickt erscheint. Die Ektexine ist in der Regel glatt, in einzelnen Fällen feinst granuliert.

Ob die als *Poll. coryphaeus* bezeichneten Formen der Langauer Braunkohle tatsächlich zu *Corylus* gehören, ist schwer zu entscheiden. Eingehende Vergleiche mit morphologisch ähnlichem, rezentem Pollen von *Corylus avellana, Myrica aetiopica, Betula pendula* und *Engelhardtia* sp. sowie mit den von Erdtman (1943) gegebenen Abbildungen machen es jedoch ziemlich wahrscheinlich. Thiergart (1940) bildet weitgehend ähnliche Pollenkörner als *Corylus*-Typ ab. Er weist aber darauf hin, daß es bei der stärksten Verbreitung der Haselform im Miozän auch am schwierigsten ist, den Pollen gegen ähnliche Formen sicher abzugrenzen.

In Langau ist *Poll. coryphaeus* R. Pot. nahezu in allen Proben vertreten. Er erreicht in einer Schicht 1,40 m über dem Liegenden ziemlich unvermittelt ein Maximum von über 27% der Gesamtpollensumme und ist hier vergesellschaftet mit anderen Dreieckspollen, die eine sichere Abgrenzung oft erschweren.

Nach Thiergart sind *Corylus*-Formen am häufigsten im Miozän vertreten. Im Eozän sind sichere Haselformen seltener, desgleichen im Pliozän.

Castanoipollenites exactus R. Pot. (*Fagaceae*.)

1934: *Poll. exactus* R. Pot., Arb. Inst. Paläobot. 4; 1935: cf. *Castanea*-Typ Bacmeister, Ber. geobot. Inst. Rübel; 1937: *Castanea-Poll. exactus* R. Pot., Thierg., Jb. preuß. geol. L. A. 58; 1940: *Castanea-Poll. exactus* R. Pot., Thierg., Brennst. Geol. H. 13; 1950: *Castanoidites exactus* R. Pot., R. Pot., Thomson, Thierg., Jb. preuß. geol. L. A. Bd. 65; 1951: *Cupuliferoipoll. exactus* R. Pot., Paläontogr., Bd. XCI, Abt. B.

Die hierher gestellten Formen sind zwar klein, aber gerade deshalb verhältnismäßig leicht zu bestimmen. Außerdem besitzen sie eine kräftige, glatte und stark lichtbrechende Exine, die selbst bei schlechter Lage ein Erkennen der Formen noch ermöglicht. Die *Castanea*-Typen gehören zu den am besten erhaltenen Pollenformen der Langauer Braunkohle. Schädigungen irgendwelcher Art konnten praktisch nicht beobachtet werden.

Die Pollenkörner sind ellipsoidisch, in der Hauptachse etwa 13—15 μ lang. Sie bringen drei Falten zur Ausbildung, in denen am Äquator der Körner je eine Keimpore liegt. Die Falten sind von kräftigen Wülsten begleitet. In Polansicht erscheinen die Exinen etwa kreisförmig und durch die Falten in drei Sektoren unterteilt.

Im Langauer Probenmaterial treten zwei verschiedene *Castanea*-Typen auf. Die häufiger vorkommende größere Form hat die Wülste am Äquator leicht vorgezogen, die Poren sind etwa rechteckig und äquatorial gestreckt. Bei der seltener auftretenden kleineren Form verlaufen die Falten gerade, die Poren sind rund.

Beim Auszählen wurde von einer Trennung der beiden Typen (die vielleicht verschiedenen Arten angehören) abgesehen, da durch die oft ungünstige Lage im Präparat eine Unterscheidung schwerfällt.

Der *Castanea*-Pollen gehört in der Langauer Braunkohle zu den am häufigsten auftretenden Pollenformen. Er ist durchgehend, mit relativ hohen Prozentsätzen im Profil vertreten. Besonders auffällig ist ein ausgesprochenes Maximum unmittelbar über dem Liegenden des Flözes. Die Pollenform stellt hier rund 40% der Gesamtpollensumme, die einen relativ geringen Gehalt an ungeflügeltem Koniferenpollen aufweist (14%).

Nach Thiergart (1940) tritt die Form im ganzen Tertiär auf. Ihre stärkste Verbreitung hat sie vom Eozän bis zum Unteroligozän, im Lauf des Pliozäns verschwindet sie allmählich.

Weitere Vorkommen: Eozän Grube Cecilie (Geiseltal) (Potonié, 1934). Miozän Grube Marga (Niederlausitz) (Thiergart, 1937). Beisselsgrube (Ville) (Jaeger & Weyland, 1934). Pliozän Neufeld (N.-Ö.) ebenfalls mit zwei „Arten" (Klaus, 1950).

Quercoipollenites microhenrici R. Pot. (*Fagaceae.*) Abb. 8.

    1949: Kleiner *Quercus*-Typ = *Poll. microhenrici* R. Pot., Thomson, Paläontogr., Bd. XC, Abt. B; 1950: *Quercoidites microhenrici* R. Pot., R. Pot., Thomson, Thierg., Jb. preuß. geol. L. A., Bd. 65; 1951: *Quercoipollenites microhenrici* R. Pot., Paläontogr., Bd. XCI, Abt. B.

Die Pollenform ist in der Seitenlage oval bis beinahe kreisförmig, ihr größter Durchmesser beträgt etwa 34 μ. Die Exine besteht aus zwei Schichten — einer zarteren Endexine und einer etwas kräftigeren Ektexine, die eine deutliche, sehr gleichmäßige Granulierung erkennen läßt. Drei schmale, meridional verlaufende Falten sind ausgebildet; sie erreichen die beiden Pole nicht ganz. Zum Unterschied von *Quercoipoll. henrici* R. Pot. und anderen *Quercus*-Typen sind in den Schnittpunkten der Falten mit dem Äquator kleine Poren ausgebildet. Die Exinenornamentation verschwindet allmählich im Bereich der Falten.

Abb. 8. *Quercoipoll. microhenrici* R. Pot.

In den Langauer Proben sind Exinen, die sicher zu *Quercoipoll. microhenrici* R. Pot. gestellt werden können, ziemlich selten. Quercusähnliche Typen erreichen besonders im unteren Drittel des Flözes gut erfaßbare Prozentsätze.

Quercoipoll. microhenrici R. Pot. ist nach R. Potonié, Thomson und Thiergart (1950) in der rheinischen Braunkohle sehr bezeichnend für das Chatt-Aquitan und das Miozän. Quercoide Typen werden in geringen Prozentsätzen auch im Pliozän angetroffen.

Cupuliferoipoll. liblarensis Thomson. (*Fagaceae?*) Abb. 9.

    1949: cf. „Leguminosen-Typus" = *Poll. liblarensis* Thomson, Paläontogr., Bd. XC, Abt. B; 1950: *Cupuliferoidae-Poll. liblarensis* Thomson, R. Pot., Thomson, Thierg., Jb. preuß. geol. L. A., Bd. 65; 1951: *Cupuliferoipoll. liblarensis* Thomson, R. Pot., Paläontogr., Bd. XCI.

Die kleinen, in Äquatorialansicht ovalen Pollenkörner weisen eine durchschnittliche Länge von 18—21 μ auf. Eigentümlich ist die derbe, vollständig glatte und stark lichtbrechende Exine, die auch die drei, von Pol zu Pol verlaufenden Falten deutlich hervortreten läßt. Keimporen fehlen.

Abb. 9. *Cupuliferoipoll. liblarensis* Thomson

Im Langauer Flöz findet man diesen Pollentypus ziemlich selten, aber regelmäßig beinahe in jeder Probe. Nach Thiergart (1950) ist die Form im Unter- und Obermiozän selten, im Pliozän beinahe nicht vertreten. R. Potonié, Thomson und Thiergart (1950) geben eine zeitliche Verbreitung vom Chatt-Aquitan und Miozän bis zum Pliozän an. Klaus (1950) hat die Form auch aus dem Oberpannon von Neufeld beschrieben.

Weitere Vorkommen: Miozän Fischbach (T h o m s o n, 1950), Neurath (T h o m s o n, 1950). Pliozän (N.-Ö.) (K l a u s, 1950).

Carya-Pollenites simplex R. Pot. (*Juglandaceae.*)

1931: *Carya-Poll.-simplex* R. Pot., Jb. preuß geol. L. A. 52; 1931: *Poll. globiformis* R. Pot., Jb. preuß.'geol. L. A. 52; 1933: *Hicoria viridis fluminipites* Wodehouse, Bull. Torr. Bot. Club. 60; 1934: *Carya-Poll. simplex* R. Pot.. Arb. Inst. Paläobot. 5; 1935: *Carya* Rudolph, Beih. Bot. Cbl., Abt. B, 54; 1937: *Carya-Poll. globiformis* R. Pot., Thierg., Jb. preuß. geol. L. A. 58; 1940: *Carya* Thierg., Brennst. Geol. H. 13; 1950: *Carya-Poll. simplex* R. Pot.. R. Pot., Thomson, Thierg., Jb. preuß. geol. L. A. 65; 1951: *Carya-Poll. simplex* R. Pot., Paläontogr., Bd. XCI, Abt. B.

Die Pollenkörner sind kugelig bis ellipsoidisch, in den Präparaten erscheinen sie gewöhnlich in der Polansicht als mehr oder weniger kreisrunde Gebilde. Ihr Durchmesser beträgt etwa 33 μ. kleinere Formen sind häufig.

In der Regel sind drei elliptische bis runde Keimporen ausgebildet, die aber nicht im Äquator liegen, sondern auf einem Kreis, der nicht weit vom Äquator entfernt und parallel zu ihm gezogen werden kann. Auf diese Weise trägt die eine Seite des Pollenkorns alle Poren, während auf der anderen Hälfte keine ausgebildet sind.

In Langau treten *Carya*-Exinen selten, aber regelmäßig auf. Nur in einer Probe erreichen sie etwa 3% der Gesamtpollensumme. Diese Probe stammt aus der Schicht 1,40 m über dem Liegenden und ist durch ein ausgesprochenes Maximum von Dreieckspollen (*Corylus*-Typen und *Engelhardtia*) gekennzeichnet.

Nach T h i e r g a r t (1940) tritt *Carya*-Pollen bereits im Paleozän auf und erreicht im Oberoligozän gelegentlich bis zu 20% der Gesamtpollenmenge. Vereinzelt findet sich die Form bis ins Pliozän.

Weitere Vorkommen: Eozän Green River (W o d e h o u s e. 1933). Miozän Grube Babina (Oberlausitz) (vergl. T h i e r g a r t. 1937), Grube Marga (Niederlausitz) (T h i e r g a r t, 1937), Beisselsgrube (Ville) (J a e g e r & W e y l a n d, 1937), Machendorf (Nordböhmen) (R u d o l p h, 1935). Pliozän Grube Freigericht bei Hanau (W o l f f, 1934), Neufeld (N.-Ö.) (K l a u s, 1950).

Pterocarya-Poll. stellatus R. Pot. (*Juglandaceae.*)

1931: *Pollenites stellatus* R. Pot., Jb. preuß. geol. L. A. 52; 1931: *Pollenites stellatus* R. Pot., S. B. Ges. Naturf. Fr. Berlin; 1935: *Pollenites stellatus* R. Pot., Arb. Inst. Paläobot. 5; 1935: *Pterocarya* Rudolph, Beih. Bot. Cbl.. Bd. 54, Abt. B; 1937: *Pterocarya-Pollenites stellatus* R. Pot., Thierg., Jb. preuß. geol. L. A. 58; 1950: *Pterocarya-Poll. stellatus* R. Pot., Thomson. Thierg., Jb. preuß. geol. L. A. 65; 1951: *Pterocarya-Poll. stellatus* R. Pot.. Paläontogr., Bd. XCI.

Die Exinen zeigen sich in der Regel in Gestalt eines regelmäßigen Fünf- bis Siebenecks, mit einem Durchmesser von 36 μ. Die

Zahl der Ecken entspricht der Anzahl der Poren, die oft nicht alle genau im Äquator liegen, sondern etwas nach oben oder unten verschoben sind.

Pterocarya-Exinen sind in der Langauer Braunkohle äußerst selten. Nach T h i e r g a r t (1940) ist die Form vom Oberoligozän bis zum Oberpliozän vertreten.

Weitere Vorkommen: Miozän Grube Marga (Niederlausitz) (T h i e r g a r t, 1937), Beisselsgrube (Ville) (J a e g e r & W e y l a n d, 1934), Machendorf (Nordböhmen) (R u d o l p h, 1935). Pliozän Grube Freigericht bei Hanau (W o l f f, 1934), Neufeld (N.-Ö.) (K l a u s, 1950).

Engelhardtioipollenites microcoryphaeus R. Pot. *(Juglandaceae.)* Abb. 10, 11, 12.

1940: *Engelhardtia* Thierg., Brennst. Geol. H. 13; 1950: *Engelhardtioidites microcoryphaeus* R. Pot. = *Engelhardtia forma minor* Thomson, R. Pot.. Thomson, Thierg., Jb. preuß. geol. L. A. 65; 1951: *Engelhardtioipoll. microcoryphaeus* R. Pot., Paläontogr., Bd. XCI, Abt. B.

Die Abbildungen bringen vor allem die recht unterschiedlichen Größen der Körner zum Ausdruck, die sich im Extremfall auch durch die Ausbildung der Poren unterscheiden. Abb. 10 zeigt eine Kleinform (12 µ) mit geraden oder leicht eingedellten Dreiecksseiten und schmalen, langen, schlitzförmigen Keimstellen. Daneben tritt eine größere Form sehr häufig auf. Ihr Durchmesser beträgt 15—20 µ.

Abb. 10. *Engelhardtioipoll. microcoryphaeus* R. Pot.   Abb. 11. *Engelhardtioipoll. microcoryphaeus* R. Pot.   Abb. 12. *Engelhardtioipoll. microcoryphaeus* R. Pot.

Die Exine ist dünn und glatt, die Dreiecksseiten sind ziemlich gerade. Kurze, schlitzförmige Keimporen liegen in den Ecken (Abb. 11). Eine dritte, ebenfalls häufige Form zeigt Abb. 12. Ihr Durchmesser beträgt etwas über 20 µ, die Exine ist derber als bei der vorher beschriebenen. Die Dreiecksseiten sind konvex gekrümmt, so daß das Pollenkorn in der Aufsicht nahezu kreisförmig erscheint. Die Poren zeigen sich als kleine Kerben in der Exine. Diese beiden letztgenannten Formen dürften mit ziemlicher Sicherheit zu *Engelhardtia* zu stellen sein, sind sie doch dem rezenten Pollen sehr ähnlich. Für die Kleinform fehlt vorläufig das Vergleichsmaterial.

Für die Verbreitung des *Engelhardtia*-Pollens gibt T h i e r g a r t (1940) an, daß vom Paleozän bis zum Unteroligozän nur kleine Formen neben *Corylus*-Typen auftreten, also sicher ausgezählt werden können. Im Oberoligozän findet man kleine und große *Engelhardtia*-Pollen nebeneinander und neben *Corylus*, wodurch sich hier Bestimmungsschwierigkeiten ergeben. Im Miozän verschwinden die Formen allmählich.

Die sicher bestimmbaren *Engelhardtia*-Formen sind im Profil des Flözes Langau durchgehend und mit gut erfaßbaren Prozentsätzen vertreten.

Ulmoipollenites undulosus Wolff. (*Ulmaceae*.)

1934: *Ulmi-Poll. undulosus* Wolff, Arb. Inst. Paläobot. 5; 1935: *Ulmus*-Typus Rudolph, Beih. Bot. Cbl., Abt. B, 54; 1937: *Ulmus-Poll. undulosus* Wolff, Thierg., Jb. preuß. geol. L. A. 58; 1950: *Ulmoidites undulosus* Wolff. R. Pot., Thomson, Thierg., Jb. preuß. geol. L. A. 65.

Die Pollenform ist in der Aufsicht nahezu kreisrund, 4 bis 5 Poren liegen am Äquator. Die Exine ist dünn, wird aber in der Gegend der Poren dicker und leicht vorgezogen. Die Ektexine ist mit derben, unregelmäßig gewundenen Leisten versehen, die ihr ein welliges Aussehen verleihen.

In Langau ist die Form selten, aber regelmäßig vertreten. Nach R. Potonié, Thomson und Thiergart (1950) ist *Ulmaceen*-Pollen vom Chatt-Aquitan bis ins Oberpliozän anzutreffen.

Weitere Vorkommen: Miozän Grube Marga (Niederlausitz) (Thiergart, 1937). Pliozän Grube Freigericht bei Hanau (Wolff, 1934).

Platanoipollenites gertrudae R. Pot. (*Platanaceae?*)

1931: *Poll. gertrudae* R. Pot., Braunkohle, H. 16; 1931: *Poll. fraudulentus* R. Pot., Braunkohle, H. 16; 1933: *Salix discoloripites* Wodehouse, Bull. Torr. Bot. Club. 60; 1934: *Poll. gertrudae* R. Pot., Arb. Inst. Paläobot. 4; 1934: *Poll. gertrudae* R. Pot., Arb. Inst. Paläobot. 5; 1935: Typ „B" Rudolph, Beih. Bot. Cbl., Abt. B, 54: 1935: *Salicaceen*-Typ Bacmeister, Ber. geobot. Inst. Rübel; 1937: *Salix-Poll. gertrudae* R. Pot., Thierg., Jb. preuß. geol. L. A. 58; 1950: *Platanoipoll. gertrudae* R. Pot., Thomson, Thiergart, Jb. preuß. geol. L. A. 65; 1951: *Platanoipoll. gertrudae* R. Pot., Paläontogr., Bd. XCI, Abt. B.

Die Pollenkörner sind in Seitenansicht oval und etwa 18 bis 20 μ lang. Drei Falten laufen einander parallel und sind von schmalen Wülsten begleitet. Die Ektexine ist mit regelmäßig angeordneten, einzelnstehenden Steinchen dicht besetzt. Gegen die Falten zu gehen die Steinchen in eine dichte Granulierung über.

Wie aus der Synonymenliste hervorgeht, wurden diese Formen ursprünglich mit *Salix* in Verbindung gebracht, während man sie nunmehr eher zu *Platanus* stellt. Eigene, an 22 rezenten *Salix*-Arten durchgeführte Untersuchungen haben ebenfalls gezeigt, daß wesentliche Unterschiede in der Exinenornamentation bestehen. Alle untersuchten *Salix*-Arten weisen eine ausgesprochene Netzskulptur auf, während *Platanoipoll. gertrudae* R. Pot. ein Steinchenmuster besitzt, das aus nebeneinanderstehenden Höckerchen besteht.

Platanoipoll. gertrudae R. Pot. ist im vorliegenden Profil durchgehend vertreten. Die Häufigkeit schwankt von noch erfaßbaren Prozentsätzen bis zu 10% in einer Probe. Die Formen sind in der rheinischen Braunkohle vom Chatt-Aquitan bis zum Pliozän vertreten. (Potonié, Thomson, Thiergart, 1950.)

Weitere Vorkommen: Eozän Grube Cecilie (Geiseltal) (Potonié, 1934). Miozän Grube Marga (Niederlausitz) (Thiergart, 1937), Grube Babina (Oberlausitz) (Thiergart, 1937). Pliozän Neufeld (N.-Ö.) (Klaus, 1950).

Tilia-Pollenites instructus R. Pot. (*Tiliaceae*.)

1931: *Poll. instructus* R. Pot., Braunkohle; 1934: *Poll. instructus* R. Pot. & Ven., Arb. Inst. Paläobot. 5; 1937: *Tilia-Poll. instructus* R. Pot., Thierg., Jb. preuß. geol. L. A. 58; 1950: *Tilia*, R. Pot., Thomson, Thierg., Jb. preuß. geol. L. A. 65; 1951: *Tilia-Poll. instructus* R. Pot., Paläontogr., Bd. XCI, Abt. B.

Tilia-Pollen in seiner typischen Ausbildung ist in Proben aus tertiären Ablagerungen leicht zu erkennen, da er sich von rezenten Formen praktisch nicht unterscheidet. Charakteristisch ist die Lage der Keimporen in der Mitte der Seiten der dreieckigen Aufsicht. Die Exine ist sehr dick und dreischichtig. Die Pollenform findet sich nach R. Potonié, Thomson und Thiergart (1950) vom Chatt-Aquitan bis zum Pliozän nicht häufig aber regelmäßig.

Tilia? - cf. *Pollenites instructus* R. Pot. Abb. 13.

Abb. 13.
Tilia? - cf. *Poll. instructus* R. Pot.

Neben der typisch ausgebildeten *Tilia*-Form fand sich in Langau ein Exinentypus in wenigen Exemplaren, wie ihn Abb. 13 zeigt. Die Form ist etwa dreieckig bis rundlich, ihr Durchmesser beträgt 30 μ. Die drei Keimporen liegen in der Mitte der Dreiecksseiten. Die Exine ist dünner als bei *Tilia* und scheinbar nur zweischichtig, das heißt, daß eine stärkere Mesexinenlage fehlt. Der Typus wurde daher nur mit Vorbehalt zu *Tilia* gestellt. Rezentes Vergleichsmaterial ist mir bisher noch nicht bekanntgeworden.

Rhooipollenites dolium R. Pot. (*Anacardiaceae*.) Abb. 14.

1931: *Poll. dolium* R. Pot., S. B. Naturf. Fr. Berlin; 1934: *Poll. dolium* R. Pot., R. Pot. & Ven., Arb. Inst. Paläobot.; 1935: *Rhus*-Typus Rudolph, Beih. Bot. Cbl., Abt. B, 54; 1937: *Poll. dolium* R. Pot., Thierg., Jb. preuß. geol. L. A. 58; 1940: *Rhus*, Thierg., Brennst. Geol. H. 13; 1950: *Rhooipoll. pseudo-*

cingulum R. Pot. = *Rhooipoll. dolium* R. Pot., Pot., Thierg., Thomson, Jb. preuß. geol. L A. 65; 1951: *Rhooipoll. dolium* R. Pot., Paläontogr., Bd. XCI.

Die hierher gestellten Pollenformen sind dreifaltig und dreiporig. Die Falten sind beiderseits von zwei stärker lichtbrechenden Randwülsten begleitet, die in der Mitte durch eine quergestreckte Austrittsstelle unterbrochen werden. Die Exine ist fein granuliert.

Abb. 14.
Rhooipoll. dolium R. Pot.

Dieser Pollentyp ist in Langau mit geringen Prozentsätzen über das ganze Flöz verteilt.

Nach Thiergart (1940) ist das Auftreten des *Rhus*-Pollens auf das Oligozän, Eozän und Miozän beschränkt. Die größte Verbreitung besitzt er im Chatt-Aquitan (Potonié, 1951).

Weitere Vorkommen: Eozän Geiseltal (Potonié, 1934). Chatt-Aquitan Rheinische Braunkohle (R. Potonié, Thomson. Thiergart, 1950). Miozän Grube Marga (Niederlausitz) (Thiergart, 1937), Beisselsgrube (Ville) (Jaeger & Weyland, 1934).

Ilicoipollenites margaritatus R. Pot. (*Aquifoliaceae*.)

1931: *Poll. margaritatus* R. Pot., Braunkohle, H. 16; 1934: *Poll. margaritatus* R. Pot., Arb. Inst. Paläobot. 4; 1935: *Poll. margaritatus* R. Pot., Arb. Inst. Paläobot. 5; 1937: *Ilex-Poll. margaritatus* R. Pot., Thierg., Jb. preuß. geol. L. A. 58; 1940: *Ilex*, Thierg., Brennst. Geol. H. 13; 1950: *Ilex-Poll. margaritatus* R. Pot., Thomson, Thierg., Jb. preuß. geol. L. A. 65; 1951: *Ilicoipoll. margaritatus* R. Pot., Paläontogr., Bd. XCI.

Die Pollenkörner sind in Seitenansicht oval bis rund und messen von Pol zu Pol etwa 30 μ. Die Exine ist derb, die Ektexine mit groben Keulchen besetzt, die besonders im optischen Schnitt — also am Exinenrand — deutlich sichtbar sind. Die drei Falten werden von kräftigen Wülsten begleitet, die Keimporen liegen äquatorial und quer.

Ilicoipollenites margaritatus tritt in Langau nur selten auf. Nach Thiergart (1940) ist *Ilex*-Pollen vom Eozän bis zum Pliozän vertreten.

Weitere Vorkommen: Eozän Grube Cecilie (Geiseltal) (R. Potonié, 1937). Miozän Grube Marga (Niederlausitz) (Thiergart. 1937), Grube Babina (Oberlausitz) (Thiergart, 1937), Beisselsgrube (Ville) (Jaeger & Weyland, 1934).

Ilicoipollenites propinquus R. Pot.

1934: *Poll. propinquus* R. Pot., Arb. Inst. Paläobot. 4; 1937: *Ilex ?-Poll. propinquus* R. Pot., Thierg., Jb. preuß. geol. L. A. 58; 1951: *Ilicoipoll. propinquus* R. Pot., Paläontographica, Bd. XCI, Abt. B.

Ob diese Form tatsächlich von *Ilex* stammt, muß nach T h i e r-
g a r t (1940) vorläufig noch offen bleiben. Charakteristisch ist, wie
bei *Ilicoipoll. margaritatus* R. Pot., die aus einzelnen „Pilae" sich
zusammensetzende Exinenornamentation. Die Keulchen sind jedoch
wesentlich feiner.

Ilicoipoll. propinquus R. Pot. ist in der Langauer Braunkohle
selten. Seine zeitliche Verbreitung reicht vom Eozän bis zum Pliozän.

Weitere Vorkommen: Eozän Grube Cecilie (Geiseltal) (R. P o -
t o n i é, 1934). Miozän Grube Marga (Niederlausitz) (T h i e r-
g a r t, 1937).

Araliaceoipollenites edmundi tenuis R. Pot. & Ven. (*Araliaceae.*)

1934: *Poll. edmundi tenuis* R. Pot. & Ven., Arb. Inst. Paläobot 5; 1950:
Poll. edmundi tenuis R. Pot. & Ven., R. Pot., Thomson, Thierg., Jb. preuß.
geol. L. A. 65.

Die Exine ist in Seitenansicht oval mit stark gerundeten Polen,
ihre Größe beträgt 42 : 34 μ. Drei deutlich sichtbare Falten verlaufen — von feinen Wülsten begleitet — meri-
dional und enden knapp vor den Polen. Äquatorial
liegende Keimstellen sind ausgebildet. Die Exine
ist zart, die Ektexine mit feinen, kurzen Leistchen
sehr regelmäßig besetzt (Abb. 15).

Poll. edmundi-Formen werden nach R. P o -
t o n i é (1951) mit *Araliaceen*-Pollen verglichen.
Sehr ähnliche Formen bringen auch *Cornaceen* zur
Ausbildung. In Langau tritt die Form vereinzelt
auf. Nach R. P o t o n i é, T h o m s o n und T h i e r g a r t (1950)
findet sie sich in deutschen Braunkohlenlagern im Chatt-Aquitan
und Miozän.

Abb. 15.
*Araliaceoipoll.
édmundi tenuis*
R. Pot. u. Ven.

Ericaceoipollenites ericius R. Pot. (*Ericaceae.*)

1931: *Poll. ericius* R. Pot., Braunkohle; 1934: *Poll. ericius* R. Pot., Arb.
Inst. Paläob. 4; 1935: *Poll. ericius* R. Pot. & Ven., Arb. Inst. Paläobot. 5;
1937: *Ericaceae-Poll. ericius* R. Pot., Thierg., Jb. preuß. geol. L. A. 58; 1940:
Ericaceae Thierg., Brennst. Geol. H. 13; 1951: *Ericaceoipoll. ericius* R. Pot.,
Paläontogr., Bd. XCI, Abt. B.

Charakteristisch für alle *Ericaceen* ist die Ausbildung von
Pollentetraden. Eine weitere Gliederung der im Tertiär auftretenden Formen ist vorläufig nicht möglich. Es lassen sich aber drei
Formenkreise nach der absoluten Größe aufstellen, die von
R. P o t o n i é als *Poll. callidus* (17—30 μ), *Poll. ericius* (32—34 μ)
und *Poll. roboreus* (55—70 μ) bezeichnet wurden. *Poll. callidus*
fehlt in Langau, *Poll. ericius* ist in Einzelexemplaren beinahe in
jeder Probe enthalten.

Weitere Vorkommen: Miozän Grube Babina (Oberlausitz) (vgl. Thiergart, 1937), Grube Marga (Niederlausitz) (Thiergart, 1937), Beisselsgrube (Ville) (Jaeger & Weyland, 1934). Tertiäre Ablagerungen Nordböhmens (Rudolph, 1935).

Ericaceoipollenites roboreus R. Pot. (*Ericaceae.*)

1931: *Poll. roboreus* R. Pot., Braunkohle; 1931: *Poll. roboreus* R. Pot., Bode, Int. Bergw.; 1935: *Poll. roboreus* R. Pot. & Ven., Arb. Inst. Paläobot. 5; 1937: *Ericaceae-Poll. roboreus* R. Pot., Thierg., Jb. preuß. geol. L. A. 58; 1940: *Ericaceae*, Thierg., Brennst. Geol. H. 13; 1951: *Ericaceoipoll. roboreus* R. Pot., Paläontogr., Bd. XCI, Abt. B.

Die wenigen, in den Proben aufgefundenen Pollentetraden der *Ericaceen*-Großform sind sehr schlecht erhalten, zeigen aber alle den gleichen Bau. Nach Thiergart findet sich die Form selten im Eozän und Untermiozän.

Weitere Vorkommen: Eozän Geiseltal (R. Potonié, 1934). Miozän Grube Babina (Oberlausitz) (vgl. Thiergart, 1937). Grube Marga (Niederlausitz) (Thiergart, 1937), Beisselsgrube (Ville) (Jaeger & Weyland, 1934).

Symplocoipollenites triangulus R. Pot. (*Symplocaceae.*) Abb. 16.

1931: *Poll. triangulus* R. Pot., Braunkohle; 1951: *Symplocoipoll. triangulus* R. Pot., Paläontogr., Bd. XCI, Abt. B.

Die Pollenform ist in der Aufsicht dreieckig mit fast geraden Seiten und je einer Keimstelle an den Ecken. Die Größe beträgt 24 μ. Die Exine ist kräftig, die Ektexine fein granuliert. Unter den schlitzförmigen Keimstellen ist ein Vorraum (= Vestibulum) ausgebildet, der als dunkler Hof in jeder Ecke in Erscheinung tritt.

Abb. 16.
Symplocoipoll. triangulus
R. Pot.

Im Flöz sind diese Pollenformen selten, aber regelmäßig anzutreffen. Nach R. Potonié (1951) sind sie besonders im Chatt-Aquitan und Miozän vertreten.

Sapotaceoipollenites manifestus R. Pot. (*Sapotaceae.*) Abb. 17.

1931: *Poll. manifestus* R. Pot., Jb. preuß. geol. L. A. 52; 1934: *Poll. manifestus* R. Pot., Arb. Inst. Paläobot 4; 1940: *Sapotaceae* Thierg., Brennst. Geol. H. 13; 1950: *Sapotaceoidae-Poll. manifestus* R. Pot., Thomson, Thierg.. Jb. preuß. geol. L. A. 65; 1951: *Sapotaceoipoll. manifestus* R. Pot., Paläontogr.. Bd. XCI, Abt. B.

Die Exinen sind in der Seitenansicht länglich oval mit abgestumpften Polen, so daß sie beinahe rechteckig erscheinen. Die

Größe beträgt im Mittel 27 : 19 μ. Die Exine ist derb, glatt und stark lichtbrechend. Vier Falten verlaufen meridional und sind im Äquator durch quergestellte Keimstellen unterbrochen. Sehr auffallend und ein gutes Erkennungsmerkmal ist ein porenbreiter, hellerer Gürtel, der im Äquator die Pollenkörner umgibt.

Abb. 17. *Sapotaceoipoll. manifestus* R. Pot.

Weitere Vorkommen: Chatt-Aquitan: Liblar, Fortuna, Neurath (rhein. Braunkohle) (R. Potonié, Thomson, Thiergart, 1950).

Sapotaceoipollenites micromanifestus Thomson (*Sapotaceae.*) Abb. 18.

1949: Kleiner *Sapotaceen*-Typ Thomson, Paläontogr., Bd. XC, Abt. B;
1950: *Sapotaceoidae Poll. micromanifestus* Thomson, R. Pot., Thomson, Thierg., Jb. preuß. geol. L. A. 65.

In Seitenansicht sind die Pollenkörner ähnlich dem *Manifestus*-Typ oval, mit stumpfen, oft wie abgeschnitten erscheinenden Polen. Die Größe beträgt etwa 20 : 18 μ. Die vier deutlich sichtbaren Falten werden von kräftigen Wülsten begleitet und tragen im Äquator quergestellte Keimporen. In Polansicht erscheint die Pollenform vierlappig und erinnert an ein „Eisernes Kreuz".

Abb. 18. *Sapotaceoipoll. micromanifestus* Thoms. Seiten- und Polansicht.

Die zu den *Sapotaceen* gestellten Typen gehören zu den stratigraphisch bedeutsamsten Pollenformen der Langauer Braunkohle. Sie kommen zwar ziemlich selten, aber doch in jeder Probe vor. *Sapotaceen*-Pollen findet man bereits im Eozän, seine Hauptverbreitung liegt im Oligozän, im Miozän verschwindet er (Potonié, 1951). Nach Thomson (1950) ist dieser Pollentypus das beste Leitfossil für das Chatt-Aquitan gegenüber dem Miozän.

Anthemideoipollenites Hofmanniae, n. spm. (*Compositae.*) Abb. 19.

Diagnosis pollinaria: Tricolporat; in Polansicht mehr oder weniger dreilappig. Exine deutlich mehrschichtig. Endexine dünn, innere Lage der Ektexine derb, radial gestreift, scheinbar aus parallelgestellten Prismen bestehend. Äußere Lage der Ektexine heller, mit kräftigen Stacheln besetzt. Diese setzen mit breiter Basis an (4 μ) und sind im optischen Schnitt dreieckig. Stachelanordnung ziemlich regelmäßig, dicht. In der Aufsicht erscheint die Exine kräftig granuliert. Ungefärbt sind die Exinen gelbbraun, mit Methylenblau gefärbt blaugrün, häufig sehr dunkel.

Größe: 36 μ im Durchmesser.

Abb. 19.
Anthemideoipoll. Hofmanniae
n. spm.

Derivatio nominis: Gattungsname auf Grund der Ähnlichkeit mit rezentem *Anthemideae*-Pollen. Artname Frau Professor Dr. E. Hofmann zu Ehren, die die Anregung zu dieser Arbeit gab und sie jederzeit in großzügigster Weise förderte.

Das Vorkommen dieser Form ist auf wenige Horizonte beschränkt, in denen sie vereinzelt auftritt. Der Erhaltungszustand ist meist schlecht.

Pollenites brühlensis Thomson (Familie?). Abb. 20.

1950: *Pol. cingulum brühlensis* Thomson, R. Pot., Thomson, Thierg., Jb. preuß. geol. L. A. 65; 1951: *Poll. brühlensis* Thomson, R. Pot., Paläontogr.. Bd. XCI, Abt. B.

Die Größe dieser Formen beträgt etwa 27 : 22 μ. In Seitenlage sind die Körner oval. Die Exine ist besonders an den Polen dick und deutlich zweischichtig, die Ektexine ist glatt bis feinst granuliert. Kräftige Wülste begleiten die drei Falten, die Keimstellen sind hantelförmig und liegen im Äquator.

Abb. 20. *Poll. brühlensis* Thomson. Seiten- und Polansicht.

Poll. brühlensis ist im Profil des Langauer Flözes durchgehend vertreten. Besonders angereichert findet sie sich unmittelbar über dem Liegenden des Flözes. Die Form ist vor allem im Chatt-Aquitan und Miozän vertreten, im Pliozän verschwindet sie (R. Potonié, Thomson, Thiergart, 1950).

Pollenites cf. *oculus noctis* Thierg. (Familie?). Abb. 21.

1938: Typ „D" Rudolph, Kostyniuk, „Kosmos", Bd. LXIIII, Fasc. 1; 1940: *Poll. oculus noctis* Thierg., Brennst. Geol. H. 13.

Die Form ist in Polansicht etwa dreieckig, mit leicht konvex gekrümmten Seiten und je einer Pore an den Ecken. Die Exine ist deutlich zweischichtig. Die kreisrunden Keimstellen sind von einem derben Wall umsäumt. Die Größe der Körner beträgt etwa 42 μ. Sie sind somit wesentlich kleiner als die von Thiergart (1940) aus dem Unteroligozän von Ziegenhain bei Kassel dargestellte und mit dem Namen *Poll. oculus noctis* bezeichnete Form. Da für das vorliegende Fossil keine weitgehend ähnliche, rezente Pollenform gefunden werden konnte, die morphologische Übereinstimmung mit der von Thiergart (1940) abgebildeten Form aber doch vorhanden ist, wurde der Bezeichnung die Einschränkung cf. beigefügt.

Abb. 21. *Poll.* cf. *oculus noctis* Thierg.

In Langau ist diese Pollenform äußerst selten. Dem Typus könnte stratigraphische Bedeutung zukommen, da ähnliche Formen ausschließlich aus älteren (oligozänen) Ablagerungen stammen.

Weitere Vorkommen: Oligozän Töpferlehm von Niebozka (Polen) (Kostyniuk, 1938), Ziegenhain bei Kassel (Thiergart, 1940).

Trotz Heranziehens aller verfügbaren einschlägigen Literatur ist es bei einigen Pollenformen nicht gelungen, sie mit einer abgebildeten oder beschriebenen Form wenigstens annähernd in Verbindung zu bringen. Es dürfte sich daher um neue Pollentypen handeln, die vielleicht für unser Gebiet von Bedeutung sein könnten. Bei der Benennung dieser vorläufig unbestimmbaren Formen wurden die von Erdtman vorgeschlagenen Coenotypennamen verwendet (siehe: Suggestions for the Classifications of fossil and recent Pollen Grains and Spores. Svensk. Bot. T., 41, 1947), um sie wenigstens grob zu charakterisieren. Als „Nomen differentiale" wurde der Einfachheit halber der Name des Fundortes mit einer beigefügten Ziffer genommen.

Triporites langauense I. n. spm. (Familie?). Abb. 22.

Diagnosis pollinaria: Dreieckig, mit je einer Pore in jeder Ecke. Exine derb. Ektexine fein granuliert, in den Ecken lippenförmig vorgewölbt und verdickt, so daß die Poren in der Aufsicht von einem kreisrunden, etwa 3 μ breiten Wall umgeben scheinen. Die feine Endexine liegt der Ektexine eng an und folgt ihr bis an den Porenrand. Hier senkt sie sich kugelig ein und bildet ein Vestibulum; jede Pore ist scheinbar mit einem „Porenpfropf" versehen.

Abb. 22.
Triporites langauense I. n. spm.

Größe: 33 μ im Durchmesser.

Vorkommen: Die Exine stellt einen Einzelfund dar. Eine gewisse Ähnlichkeit mit *Poll. oculus noctis* Thierg. in bezug auf die wallartige Exinenvorwölbung um die Poren ist gegeben.

Tricolporites langauense 1, n. spm. (Familie?). Abb. 23.

Diagnosis pollinaria: Pollenkörner dreiporig und dreifaltig. Gestalt ellipsoidisch, Seitenansicht längsoval mit gerundeten Polen, in Polansicht dem Kreise genähert. Exine dünn, mit charakteristischer Skulptur. Sie besteht im Äquator aus feinen, kurzen Leistchen, die sich bei schwächerer Vergrößerung als gestrichelte Zeichnung zu erkennen geben. Diese Leistchen werden gegen die Pole zu gröber und schließen sich zu

Abb. 23.
Tricolporites langauense 1, n. spm.

einem allmählich immer grobmaschiger werdenden Netz zusammen. Auch die „Muri" des „Reticulums" werden allmählich höher. Sie zeigen sich im optischen Schnitt als sogenannte „Pilae", die am kräftigsten am Pol ausgebildet sind. Die drei Falten erreichen stark konvergierend beinahe die Pole. Sie sind beiderseits von kräftigen Wülsten begleitet, die sich im Äquator verbreitern. Die Poren liegen äquatorial in den Falten und in einem auffälligen, mehrere μ breiten, helleren Gürtel, der das Pollenkorn umschließt.

G r ö ß e: 30 μ im Durchschnitt.

V o r k o m m e n: In einigen Proben erreicht die Pollenform verhältnismäßig hohe Prozentsätze (6%), sonst tritt sie nur selten, aber fast in jeder Probe auf.

Tricolporites langauense 2, n. spm. (Familie?). Abb. 24.

D i a g n o s i s   p o l l i n a r i a: Pollenkörner dreifaltig und dreiporig. Seitenansicht längsoval. Exine zweischichtig. Endexine fein, Ektexine derb mit einem engmaschigen Reticulum zwischen den Falten, das gegen die Falten zu feiner wird. Ektexine im optischen Schnitt dick, deutlich quergestreift. Die drei Falten enden knapp vor den Polen und verbreitern sich gegen die Poren zu. Die äquatorial stehenden, kreisrunden Poren sind in den Falten nur undeutlich sichtbar.

Abb. 24.
Tricolporites langauense 2, n. spm.

G r ö ß e: 39 : 24 μ, durchschnittliche Länge 38 μ.

V o r k o m m e n: Äußerst selten.

Tricolporites langauense 3, n. spm. (Familie?). Abb. 25.

Abb. 25.
Tricolporites langauense 3, n. spm.

D i a g n o s i s   p o l l i n a r i a: Pollenform dreifaltig und dreiporig. Gestalt in Seitenansicht längsoval, mitunter laufen die Pole spitz zu. Exine zweischichtig, Ektexine derb granuliert. Die drei Falten reichen bis nahezu an die Pole. Die Falten werden von schmalen Wülsten begleitet, die sich im Äquator etwas verbreitern und durch eine runde Keimstelle unterbrochen sind. In der Mitte jeder Keimstelle ist ein dunkler Punkt sichtbar, der vermutlich einen Porenpfropf darstellt.

G r ö ß e: 49 : 29 μ; durchschnittliche Länge 45 μ.

V o r k o m m e n: Äußerst selten.

Smilax-Typus (*Liliaceae.*)

Die aufgefundenen Pollenkörner sind 18—20 μ groß, rundlich bis oval, die Exine ist dünn und unregelmäßig von feinen, kurzen Stacheln besetzt. Eine zarte Falte scheint vorhanden. Rezenter Pollen von *Smilax syringoides* zeigt in Größe und Exinenornamentation gute Übereinstimmung.

Dieser Pollentypus findet sich in der Langauer Braunkohle nur selten, der Erhaltungszustand ist oft schlecht.

Gramineae:

Gramineen-Pollen ist im Langauer Flöz nur sehr spärlich vertreten und schlecht erhalten, so daß die Unterscheidung von den ebenfalls oft recht uncharakteristischen *Taxodieen* schwerfällt. Als spezifische Merkmale können die dünne, glatte und stark lichtbrechende Exine und die einzige, verhältnismäßig große Keimpore mit ihren verdickten Rändern gelten.

Palmae.

Formen, die sicher als Palmenpollen bestimmt werden können, sind in der Langauer Braunkohle nicht vertreten. Einzelne, schlecht erhaltene Exinen weisen eine größere Ähnlichkeit mit dem „rauhen" Palmenpollen-Typ aus dem Miozän der Niederlausitz (T h i e r g a r t, 1940) auf.

Thypha cf. *angustifolia* (*Thyphaceae.*) Abb. 26.

Die meisten Arten der Gattung *Thypha* bilden Pollentetraden aus, nur *Thypha angustifolia* besitzt Einzelpollen. Diese Pollenkörner sind rundlich bis polygonal, etwa 25 μ groß, mit einer Keimpore versehen. Die Exine ist derb, zweischichtig, die Ektexine mit einer netzigen Skulptur versehen. *Sparganium* bildet ganz ähnliche Pollen aus, das Reticulum scheint nur weitmaschiger und gröber zu sein als bei *Thypha*.

In der Langauer Braunkohle ist in einigen Straten derartiger Sumpfpflanzenpollen mit überraschender Häufigkeit vertreten. Die Exinen sind derb und grob granuliert, bei starker Vergrößerung aber deutlich netzig. Die Netzskulptur geht in der Nähe der Keimstelle in eine zarte Granulierung über, so daß ein etwa 3 μ breiter Hof um die kreisrunde, winzige Pore zu erkennen ist. Am besten läßt sich dieser Pollentyp mit *Thypha angustifolia* vergleichen. Abgesehen davon, daß diese Form ebenfalls Einzelpollen besitzt, kommt sie in bezug auf die Exinenornamentation der fossilen Form am nächsten. Die Skulptur ist bei den fossilen Exinen eher noch feiner als bei der rezenten Form, daher wurde der Pollentypus als „*Thypha* cf. *angustifolia*" bezeichnet.

Die Möglichkeit, daß mit diesen Formen auch *Sparganium*-Pollen mit ausgezählt wurde, ist nicht ausgeschlossen. Da die

Abb. 26. *Thypha* cf. *angustifola*.

Pollenformen von *Thypha* und *Sparganium* an sich schon ähnlich sind, könnten die Unterschiede wie derbere Exine und gröbere Netzzeichnung durch die Fossilisation weitgehend verwischt worden sein. Pollen vom Typus *Thypha* treten im Flöz durchgehend mit geringen Prozentsätzen auf.
Probe 3 (30 cm über dem Liegenden) brachte jedoch ein sprunghaftes Ansteigen dieser Formen bis auf 40% der Gesamtpollensumme. In den folgenden Proben sind sie ebenfalls sehr reichlich, die Anteile nehmen allmählich ab auf etwa 4% in Probe 8, auf 2% in Probe 9. Ein zweites, vollkommen unvermittelt auftretendes Maximum bis zu 50% der Gesamtpollensumme ist in Probe 27 zu verzeichnen. In den Schichten darunter und darüber bleibt die Häufigkeit unter 1%. Ein ähnliches, beinahe noch deutlicher ausgeprägtes Maximum derartiger Pollentypen zeigt Probe 28 aus Profil 1, also ungefähr aus der selben Strate wie Probe 27 aus Profil 2. Es ist naheliegend, einen durchgehenden Horizont zu vermuten, da die Entnahmestellen der beiden Profilsäulen gut einige 100 m voneinander entfernt waren.

Wenn auch *Thypha*- und *Sparganium*-Pollen keinen besonderen stratigraphischen Wert besitzen, vermögen sie doch wertvollen Aufschluß über die Flözbildung selbst zu geben. *Thypha* und *Sparganium* sind ausgesprochene Sumpfpflanzen, die heute in Niedermooren und sumpfigen Gebieten gedeihen, also einen hohen Grundwasserspiegel brauchen. Das reichliche Auftreten von Pollen derartiger Pflanzen in bestimmten Schichten setzt ähnliche Verhältnisse bei ihrer Bildung voraus. Ihre mengenmäßige Verteilung im Profil wäre als Indikator für die Bodenfeuchtigkeit zu werten.

Pteridophytensporen.

Pteridophyten-Sporen treten in der Langauer Braunkohle hinter dem Pollen weit zurück. Sie werden aber doch vereinzelt in jeder Probe gefunden.

Osmunda-Sporites primarius Wolff (*Osmundaceae*.)

1934: *Sporites primarius* Wolff, Arb. Inst. Paläobot. 5; 1937: *Lycopodium?-Spor. primarius* Wolff, Thierg., Jb. preuß. geol. L. A. 58; 1940: *Lycopodium-Spor. primarius* Wolff, Thierg., Brennst. Geol. H. 13; 1950: *Osmunda-Spor. primarius* Wolff, R. Pot., Thom., Thierg., Jb. preuß. geol. L. A. 65.

Die Sporen sind mehr oder weniger kugelig, ihre Größe schwankt in weiteren Grenzen um einen Mittelwert von etwa 40 μ. Die Exosporornamentation besteht aus 1—2 μ langen, gleichmäßig dicken Papillen. Meistens ist eine zarte Tetradenmarke zu erkennen.

Im Flöz findet man die Spore regelmäßig in geringen Prozentsätzen. Nach Thiergart (1940) ist sie vom Oberoligozän bis ins Pliozän verbreitet.

Lygodioisporites adriennis R. Pot. & Gell. (*Schizeaceae*.)

1932: *Sporites adriennis* R. Pot. & Gell., S. B. Ges. Nat. Freund. Berlin; 1934: *Sporites adriennis* R. Pot. & Gell., R. Pot. & Ven., Arb. Inst. Paläobot. 5; 1937: *Cyatheaceae?-Spor.* cf. *adriennis* R. Pot. & Gell., Thierg., Jb. preuß. geol. L. A. 58; 1940: *Schizeaceae-Spor. adriennis* R. Pot. & Gell., Thierg., Brennst. Geol. H. 13; 1949: Glatte cf. *Lygodium*-Spore = *Spor. adriennis* R. Pot. & Gell., Thomson, Paläontogr., Bd. XC, Abt. B; 1950: *Lygodium venustoider* Typ = *Spor. adriennis* R. Pot. & Gell., R. Pot., Thomson, Thierg., Jb. preuß. geol. L. A. 65; 1951: *Lygodioisporites adriennis* R. Pot. & Gell., R. Pot., Paläontogr., Bd. XCI, Abt. B.

Die in Langau aufgefundenen Formen sind rundlich oder dreieckig und durchschnittlich 90 μ groß. Das Exospor ist stark lichtbrechend und glatt. Eine deutlich sichtbare Tetradenmarke, deren Strahlen meist zwei Drittel des Radius erreichen, ist ausgebildet. Bei vielen Exemplaren klafft die Dehiszenzmarke.

In Einzelexemplaren ist die Spore in jeder Probe enthalten. In den Braunkohlen des nordwestdeutschen Raumes geht die Spore nicht höher als ins Chatt-Aquitan. (R. Potonié, Thomson, Thiergart, 1950.) Klaus (1950) beschreibt diese oder eine ähnliche (?) Form aus dem Pliozän von Neufeld.

Polypodiaceae-Sporites favus R. Pot. (*Polypodiaceae*.)

1931: *Spor. favus* R. Pot., Braunkohle; 1932: *Spor. favus* R. Pot. & Gell., S. B. Naturf. Fr. Berlin; 1934: *Spor. favus* R. Pot., Arb. Inst. Paläobot. 4; 1935: *Spor. favus* R. Pot. & Ven., Arb. Inst. Paläobot. 5; 1935: *Polypodium vulgare* Rudolph, Beih. Bot. Cbl. 54, Abt. B; 1937: *Polypodium-Spor. favus* R. Pot., Thierg., Jb. preuß. geol. L. A. 58; 1940: *Polypodium-Spor. favus* R. Pot., Thierg., Brennst. Geol. H. 13; 1951: *Polypodiaceae-Spor. favus* R. Pot., Paläontogr., Bd. XCI, Abt. B.

Sporites favus R. Pot. stellt eine Sammelgruppe dar, die alle bohnenförmigen Sporen mit grobwarziger Skulptur zusammenfaßt. In Langau wurde nur eine Ausbildungsform gefunden. Die Sporen sind dick bohnenförmig, ihre Größe schwankt um einen Mittelwert von 54 : 42 μ. Das Exospor ist derb, stark lichtbrechend und mit groben Warzen unregelmäßig besetzt.

Nach Thiergart (1940) finden sich diese Typen in allen Abschnitten des Tertiärs.

Polypodiaceae-Sporites Haardtii R. Pot. & Ven. (*Polypodiaceae.*)

1935: *Spor. Haardtii* R. Pot. & Ven., Arb. Inst. Paläobot. 5; 1935: Perisporlose Farnspore Rudolph, Beih. Bot. Cbl., Bd. 54, Abt. B; 1935: *Spor. Haardtii* R. Pot. & Ven., Wolff, Arb. Inst. Paläobot. 5; 1937: *Polypodiaceae-Spor. Haardtii* R. Pot. & Ven., Thierg., Jb. preuß. geol. L. A. 58; 1940: *Polypodiaceae-Spor. Haardtii* R. Pot. & Ven., Thierg., Brennst. Geol. H. 13; 1950: *Polypodiaceae-Spor. Haardtii* R. Pot. & Ven., R. Pot., Thomson, Thierg., Jb. preuß. geol. L. A. 65; 1951: *Polypodiaceae-Spor. Haardtii* R. Pot. & Ven.. R. Pot., Paläontogr., Bd. XCI, Abt. B.

In diese Gruppe werden alle perisporlosen Farnsporen gestellt. Sie sind einander so ähnlich, daß eine nähere Bestimmung nicht möglich ist. Die Sporen sind bohnenförmig, durchschnittlich 30 zu 20 μ groß. Das Exospor ist dick, glatt und stark lichtbrechend.

In Langau findet sich die Form ziemlich regelmäßig vom Liegenden bis zum Hangenden.

Ovoidites cf. *ligneolus* R. Pot. (*Psilotineae?*) Abb. 27, 28, 29, 30.

1931: *Pollenites ? ligneolus* R. Pot., S. B. Naturf. Fr. Berlin; 1934: *Sporites ligneolus* R. Pot., Arb. Inst. Paläobot. 5; 1937: *Spor. ligneolus* R. Pot., Thierg., Jb. preuß. geol. L. A. 58; 1951: *Ovoidites ligneolus* R. Pot.. Paläontogr., Bd. XCI, Abt. B.

R. Potonié bezeichnet als „*Ovoidites ligneolus*" sehr große Sporenformen von regelmäßig ellipsiodischer Gestalt. Ihr Exospor

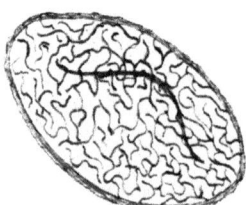
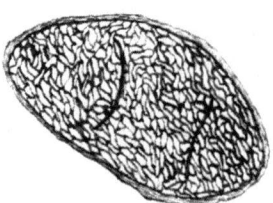

Abb. 27. *Ovoidites* cf. *ligneolus* (L 1).

Abb. 28. *Ovoidites* cf. *ligneolus* (L 2).

ist dick und trägt gewellte Leisten. In der Langauer Braunkohle treten eine Reihe ähnlicher Formen auf, die sich aber in bezug auf die Oberflächenskulptur von der Potoniéschen Art unterscheiden. Als Benennung wurde daher „*Ovoidites* cf. *ligneolus*" gewählt. Um die Formen leichter auseinanderhalten zu können. wurde der Ausdruck „L" (= Langau) mit einer arabischen Ziffer dem Namen beigefügt. Dies soll lediglich eine Typenbezeichnung sein.

Im Langauer Flöz ist der Typus L 4 am häufigsten. Allerdings tritt er selten ganz erhalten auf, meist findet man nur Bruchstücke. die aber an der typischen Skulptur leicht zu erkennen sind.

Klaus (1950) beschreibt aus Neufeld eine Sporomorphe, die er „*Ovonapites retipunctatus*" nennt. Eine in Langau aufgefundene Form zeigt mit dieser große Ähnlichkeit. Die Gestalt entspricht den

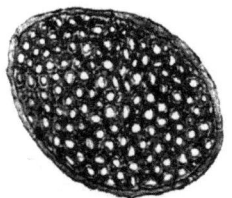
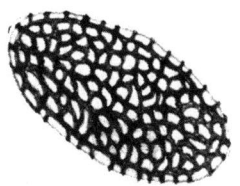

Abb. 29. *Ovoidites* cf. *ligneolus* (L 3). Abb. 30. *Ovoidites* cf. *ligneolus* (L 4).

Ovoidites-Formen, das Exospor trägt feine Netzleisten, an denen stärker lichtbrechende Körnchen sitzen.

Sporomorphae incertae sedis.

In der Folge sollen Formen der Langauer Braunkohle behandelt werden, deren Zugehörigkeit vollkommen unklar ist und deren Pollen- oder Sporennatur nicht festgestellt werden konnte.

Poll. (?) multistigmosus R. Pot. — *forma magna* n. spm. Abb. 31.
1931: *Poll. multistigmosus* R. Pot., S. B. Ges. Naturf. Fr. Berlin; 1934: *Poll. multistigmosus* R. Pot. & Ven., Arb. Inst. Paläobot. 4; 1934: *Poll. multistigmosus* R. Pot. & Ven., Arb. Inst. Paläobot. 5; 1951: *Poll. multistigmosus* R. Pot., Paläontogr., Bd. XCI.

Die Exinen sind kugelig, der Durchmesser schwankt zwischen 40 und 50 μ. Auffällig ist die starke Lichtbrechung und die ausgesprochene Blaufärbung in mit Methylenblau gefärbten Präparaten. Die Exine ist glatt und von zahlreichen Dellen (= Foveae) bedeckt. Diese Ornamentation zeigt ebenfalls die von R. Potonié aufgestellte *Poll. multistigmosus*-Form. Die Größe sowie die Anzahl der Dellen ist im Vergleich zu dem in Langau gefundenen Typus wesentlich geringer.

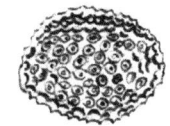

Abb. 31. *Poll.? multistigmosus* R. Pot. -*forma magna* n. spm.

Über die systematische Stellung dieser Formen ist nichts bekannt. Ob es sich tatsächlich um Pollenexinen handelt, ist wegen der starken Lichtbrechung und der ungewöhnlichen Färbung der Exinen zumindest zweifelhaft. Das Fragezeichen hinter „*Pollenites*" soll die Unsicherheit dieser Bezeichnung andeuten. Der immerhin beachtliche Größenunterschied zu *Poll. multistigmosus* R. Pot. gab den Anlaß, die vorliegende Form als „*forma magna*" zu bezeichnen.

Diese Typen treten im Flöz Langau zwar regelmäßig, aber ziemlich selten auf.

Psilonapites ovobivalvis Klaus.

Die Körner sind länglich oval und meist längs eines meridionalen Risses in zwei Klappen aufgesprungen. Die Exine ist derb. glatt und stark lichtbrechend. Mit Methylenblau färbt sie sich leuchtend blau. Unmittelbar über dem Liegenden des Langauer Flözes ist die Form mit noch erfaßbaren Prozentsätzen vertreten.

Tetrapidites foveolatus n. spm. Abb. 32.

Tetrapidites psilatus Klaus wurde in der Neufelder Braunkohle erstmalig aufgefunden. Die regelmäßig viereckige Form besitzt porenähnliche Exineneinstülpungen (= Pseudoporen) an den Eckpunkten und eine dünne, stark lichtbrechende, g l a t t e Exine.

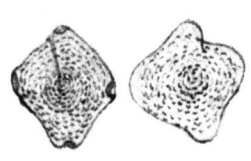

Abb. 32. *Tetrapidites foveolatus* n. spm., mit normalen und ausgestülpten Pseudoporen.

In Langau tritt eine ähnliche Form auf. Sie ist etwas kleiner als die in Neufeld aufgefundene, nämlich 36 μ in Langau gegenüber 42 μ in Neufeld. Sie zeigt ebenfalls die als „Pseudoporen" bezeichneten tütenförmigen Einstülpungen an den Ecken, die auch ausgezogen sein können. Es entsteht dann eine unregelmäßig viereckige Ausbildungsform mit gerundeten Ecken und leicht konkav gewölbten Seiten. Die Exine des Langauer Typus ist skulpturiert: Winzige, kreisförmige oder ovale „Foveae" sind in konzentrischen Ringen um den Schnittpunkt der Quadratdiagonalen angeordnet. Auf Grund dieser Skulpturierung wurde die Form als neue „Art" neben die aus Neufeld bekannte gestellt und der Beiname „*foveolatus*" gewählt.

Spinonapites micrococcus n. spm. Abb. 33.

Abb. 33. *Spinonapites micrococcus* n. spm.

D i a g n o s i s s p o r o m o r p h a: Gestalt kugelig; keine Keimstellen sichtbar. Selten sekundär gefaltet. Exine $1^{1}/_{2}$ μ dick, deutlich zweischichtig, stark lichtbrechend. Ungefärbt gelblich braun. mit Methylenblau gefärbt, schmutzig grünbraun. Ektexine von feinen, nadelartigen, etwa 2 μ langen Stacheln besetzt, die in der Aufsicht als Pünktchen erscheinen. Stachelanordnung ziemlich regelmäßig. Stachelabstand etwa 3 μ. Interspinale Zonen glatt.

G r ö ß e: 24 μ im Durchmesser.

Derivatio nominis: (Siehe Erdtman, 1947).

Nomen imaginata: „*-napites*" als Abkürzung der Coenotypenbezeichnung *Nonaperturites*, bezugnehmend auf das Fehlen von Keimstellen. „*Spino-*" ist die Abkürzung von „*spinosus*" und weist auf die stachelige Skulptur der Exine hin.

Nomen differentiale: „*micrococcus*" nimmt Bezug auf die geringe Größe und die Kugelgestalt.

Vorkommen: Selten, aber über das ganze Flöz verteilt.

Pilzsporen.

Pilzreste in Form von septierten oder nichtseptierten Hyphen, die noch in Geweben eingeschlossen oder frei in den Präparaten liegen, vor allem aber in Form von verschieden ausgebildeten Sporen, gehören zu den häufigsten pflanzlichen Mikrofossilien der Langauer Braunkohle. Eine nähere Bestimmung der Reste ist bis jetzt nicht möglich und auch kaum zu erwarten, da die gleichen morphologischen Typen in vielen Familien wiederkehren.

Pollenführung und Pollenerhaltung.

Für die palynologische Bearbeitung des Langauer Hauptflözes wurden zwei vollständige Profile entnommen. Beide Entnahmestellen lagen im Abbaufeld „A", etwa 400 m voneinander entfernt. Profil 1 zeigte eine ausgesprochen geringe Pollenführung, so daß ein Auszählen der Proben in der Regel nicht möglich war. Die wenigen Proben mit reichlichem Exinengehalt stammten interessanterweise aus Schichten, die sich im Profil 2 durch besonders reichliche Pollenführung auszeichnen.

Wodurch dieser Mangel an Exinen im vorliegenden Fall hervorgerufen ist, läßt sich schwer entscheiden. Geringer Pollenanflug in diesem Teil während der Flözbildung, Zerstörung bei der Einbettung oder der Fossilisation bzw. so weitgehende Schädigung der Exinen, daß sie der Aufbereitung zur mikroskopischen Untersuchung nicht mehr standhalten konnten, kommen als Ursachen in Frage.

Demgegenüber zeigten die Proben aus Profilsäule 2 recht gute Pollenführung, so daß die Erstellung eines Pollendiagramms (Anhang) möglich war. Um 200—250 Exinen auszählen zu können, mußte meistens nur die Hälfte eines Präparates (Deckglasgröße 18 : 18 mm) durchgesehen werden. Einige Proben wurden wegen zu geringen Pollengehalts nicht ausgezählt.

Der Erhaltungszustand des Angiospermenpollens in der Langauer Braunkohle ist allgemein als gut zu bezeichnen, während der Gymnospermenpollen ziemliche Schädigungen aufweist. Besonders kraß zeigt sich diese Erscheinung bei flügellosem Koniferenpollen s. str., der häufig sekundär stark verfaltet und korrodiert ist. Koniferenpollen mit Luftsäcken, im vorliegenden Fall also *Pinus*-Formen, sind verhältnismäßig besser erhalten, obwohl auch hier korrodierte und fragmentierte Exinen nicht selten angetroffen werden. Sehr gut erhalten sind in der Regel Pteridophytensporen, die nur selten Korrosionserscheinungen aufweisen.

Die bessere Erhaltung der Pteridophytensporen gegenüber den Pollenexinen ist aus dem hohen Sporonin-Anteil der Membranen erklärbar. Daß ein größerer Gehalt an Pollenin auch eine größere Widerstandsfähigkeit der Exinen bedingt, ist nicht als Regel anzusehen. Es zeigt sich wiederholt, daß Angiospermenpollen mindestens ebenso gut oder sogar besser erhalten ist wie der *Pinus*-Pollen mit seinem wesentlich höheren Polleningehalt.

Für die Erhaltung des Pollens in der Braunkohle sind auch in hohem Maß die Verhältnisse bei seiner Einbettung maßgebend. Exinen, die zu lange der oxydierenden Wirkung des Luftsauerstoffs ausgesetzt waren, besitzen nicht mehr die nötige Widerstandsfähigkeit gegenüber Chemikalien, wie sie zur Mazeration der Kohle Verwendung finden. Wird hingegen Pollen rasch eingebettet, zum Beispiel durch Untersinken in Wasseransammlungen, ist er der schädigenden Wirkung des Luftsauerstoffs entzogen. Darauf dürfte es zurückzuführen sein, daß im Langauer Flöz die Schichten mit reichlichem Sumpfpflanzenpollen auch die am besten erhaltenen Exinen führen.

Flözbildung.

Thomson (1950) hat auf Grund seiner Untersuchungen über das Hauptflöz der Grube Liblar die Entwicklung des Flözes ziemlich genau rekonstruieren können. „Dunkle Bänke" wechseln mit „hellen Schichten" im Profil, die sich in ihrer Pollenführung sowohl qualitativ als auch quantitativ unterscheiden. Die hellen Schichten liegen meist scharf abgesetzt über einem Stubbenhorizont, sind wesentlich pollenreicher als die „dunklen Bänke" und werden von Thomson als Ablagerungen offener, sehr feuchter, halblimnischer Moorvereine vom Typus der Everglades in Florida aufgefaßt. Die „dunklen Bänke" hingegen werden auf Bruchwaldtorfschichten zurückgeführt. Im einzelnen konnte Thomson im Wechsel der „hellen Schichten" und „dunklen Bänke" einen sich wiederholenden Flözbildungsrhythmus feststellen, der im wesentlichen durch die Absenkungsgeschwindigkeit bedingt sein dürfte. Dieser Rhythmus äußert sich in der Aufeinanderfolge bestimmter Moortypen und Pflanzenvereine.

Die Flözbildung setzt mit einem offenen Niedermoor vom Everglades-Typ ein. (Helle Schichten über dem Liegenden oder über einem Stubbenhorizont.) Quercoide Pollentypen sind häufig, ebenso *Rhus*-Formen und *Poll. liblarensis* Thom., ferner *Poll. edmundi* R. Pot., *Ilex*-Typen, cf. *Sapotaceen*, cf. *Symplocaceen* usw. Das offene Moor wird allmählich von einem „*Myricaceen-Betulaceen*-Bruchwald" abgelöst (dunkle Bänke). Dreieckspollen herrschen vor, *Poll. granifer* R. Pot., coryloide Formen, *Myricaceen*, *Poll. brühlensis* Thom. treten auf. Möglicherweise als Moorrandfazies entwickelt sich auf dem wachsenden Flöz ein „*Taxodieen-Cupressineen*-Bruchwald" mit einem Vorherrschen von flügellosem Koniferenpollen, der schließlich von einem „*Sequoia*-Wald" abgelöst wird. Hiermit ist eine sogenannte „Stillstandslage" erreicht, der Boden ist weitgehend trocken und das Wachstum des Flözes herabgemindert. Erst ein neuerliches Absinken des Bodens, wodurch Grundwasserdurchbruch oder Überflutung das Gebiet unter Wasser setzt, bringt den Wald zum Absterben. Die aus dem Wasser ragenden Stämme der Bäume gehen zugrunde, die im Wasser stehenden Stümpfe aber bleiben erhalten. Sie machen den Inkohlungsprozeß durch und sind als „fossiler Waldboden" oder „Stubbenhorizont" Zeugen des abgestorbenen Waldes. Mit dem neu aufwachsenden Niedermoor setzt die Torfbildung wieder ein, und die Entwicklung über den Bruchwald zur Stillstandslage beginnt von neuem.

Bei der Untersuchung des Langauer Flözes haben sich im wesentlichen sehr ähnliche Verhältnisse ergeben, wenn sie auch nicht so deutlich ausgeprägt sind, wie in den weitaus mächtigeren rheinischen Braunkohlenlagern. Auch hier begann die Flözbildung allem Anschein nach mit einem Niedermoor, das zunächst noch größere, offene Wasserflächen besaß und erst allmählich verlandete. In dieses offene Moor konnte natürlich ungehindert Pollen durch den Wind aus der Umgebung hineingeweht werden. Die Resultate der Pollenanalyse dieser Schichten sind daher nur wenig durch lokale Verhältnisse beeinflußt. Der sonst ausgesprochen überwiegende Prozentsatz an flügellosem Koniferenpollen s. str. ist in diesen basalen Schichten gering. Dafür finden sich reichlich *Castanea*-Formen. *Poll. brühlensis* Thom., *Platanoipoll. gertrudae* R. Pot., ferner *Pinus*-Typen. *Engelhardtia*, *Rhus*-Typen, coryloide und quercoide Formen sind seltener, ebenso die ausgesprochenen Sumpfpflanzenpollen wie *Thypha* und *Sparganium*. Die reichliche Pollenführung und die gute Erhaltung der Exinen deuten auf ungehinderte Anflugsmöglichkeit und rasche Einbettung, also auf ein offenes Moor als Beginn der Flözbildung hin. Die noch offenen

Wasserflächen scheinen sehr bald von Sumpfpflanzen vom Typus *Thypha* und *Sparganium* verwuchert worden zu sein. Dafür sprechen nicht nur das plötzliche, starke Auftreten dieser Pollenformen, sondern auch die reichlich auftretenden Wurzelbildungen, die zu rezenten *Thypha*-Wurzeln nahe Beziehungen zeigen. Das allmähliche Absinken des prozentuellen Anteils des Sumpfpflanzenpollens zeigt die Verlandung des Moores an. Gleichzeitig macht sich ein stärkeres Ansteigen des flügellosen Koniferenpollens s. str. bemerkbar, dessen Anteil in der Schicht 1,20—1,40 m über dem Liegenden nochmals zurücktritt. Hier ist ein Maximum an Dreieckspollen zu verzeichnen (vor allem coryloide und *Engelhardtia*-Typen), daneben sind *Pinus*-Formen, *Castanoipoll. exactus* R. Pot. und *Platanoipoll. gertrudae* R. Pot. reichlicher vertreten. cf. *Thypha*-Formen erreichen noch einige Prozente. Diese **wenig mächtige** Schicht dürfte dem „*Myricaceen-Betulaceen*-Bruchwald"-Horizont **Thomsons** entsprechen. Über dieser Strate steigt der Prozentsatz an flügellosem Koniferenpollen s. str. rasch an. Coryloide und *Engelhardtia*-Typen sind noch verhältnismäßig reichlich vertreten, *Pinus* tritt in den Hintergrund. Der „*Taxodieen-Cupressineen*-Bruchwald"-Horizont **Thomsons** wäre mit dieser Schichte zu vergleichen. Ein weiteres, starkes Ansteigen des flügellosen Koniferenpollens s. str. bis zu 80% dürfte bereits auf einen „*Sequoia*-Wald", auf eine „Stillstandslage" hinweisen. *Castanea, Engelhardtia*, coryloide Typen und *Platanoipoll. gertrudae* R. Pot. sind mit wenigen Prozenten im Spektrum vertreten, alle anderen Pollenformen sind kaum erfaßbar. Das Fehlen von Sumpfpflanzenpollen gibt einen Hinweis auf die geringe Bodenfeuchtigkeit. Diese Schichte ist nur 10—20 cm mächtig. Ein unvermittelt auftretendes Maximum an Sumpfpflanzenpollen bis zu 50% und ein ebenso rasches Absinken bis auf wenige Prozente weisen auf eine neuerliche Überflutung hin. Gleichzeitig ist ein deutliches Absinken des flügellosen Koniferenpollens zu beobachten. Wie erwähnt, zeigt die entsprechende Strate in Profil 1 ebenfalls ein Maximum an Sumpfpflanzenpollen. Im übrigen Pollenbestand sind die Verhältnisse analog. Es ist daher anzunehmen, daß es sich um einen durchgehenden Horizont handelt und die kurzzeitige Überflutung zumindest größere Teile des Flözes umfaßte, also keinen lokalen Charakter hatte. Daß dem hohen Grundwasserspiegel der gesamte Koniferenwald zum Opfer fiel, ist kaum anzunehmen. Denn nur wenige Zentimeter über der Sumpfpflanzenpollen-Schicht steigt die Kurve des flügellosen Koniferenpollens s. str. wieder **stark** an. Es dürfte sich kurzfristig eine Art Bruchwald entwickelt haben (coryloide Formen, *Engelhardtia* und *Platanoipoll. gertrudae* sind etwas reichlicher vertreten), um wieder dem ausgesprochenen Stillstandswald Platz zu machen.

Pollenanalytisch-stratigraphische Beurteilung.

Wie Thomson (1950) ausdrücklich hervorhebt, sind für die palynologisch-stratigraphische Beurteilung eines Braunkohlenflözes vor allem jene Schichten von großem Wert, die als Ablagerungen offener Moore entstanden sind. Abgesehen vom größeren Pollenreichtum und der besseren Erhaltung ist das Pollenbild in diesen Straten am wenigsten lokal beeinflußt. Im Langauer Hauptflöz erfüllen nur die basalen Schichten diese Bedingung. Gegen das Hangende zu ist die Kohle wahrscheinlich aus Bruchwäldern und *Taxodieen*-Wäldern entstanden, die das Pollenspektrum bestimmt weitgehend beeinflußt haben.

Leider stehen pollenanalytische Arbeiten über präquartäre österreichische Ablagerungen zum Vergleich kaum zur Verfügung. Die von E. Hofmann (1948) publizierte Arbeit über den oberkretazischen Flysch von Muntigl bezieht sich auf eine wesentlich ältere Formation. Als palynologische Untersuchung tertiärer österreichischer Braunkohlen war (beim Abschluß dieser Arbeit) nur die von Klaus (1950) über die pliozäne Braunkohle von Neufeld bekannt. Es blieb daher nur die Möglichkeit, auch die Untersuchungsergebnisse deutscher Braunkohlenlager, wie sie durch R. Potonié, Thomson, Thiergart, Kremp u. a. bekanntgeworden sind, zum Vergleich heranzuziehen.

Im deutschen Alttertiär herrscht der Angiospermenpollen vor, während im Jungtertiär der Koniferenpollen überwiegt. Nach Thiergart (1940) liegt die Grenze zwischen der untermiozänen Braunkohlenformation und den oberoligozänen Ablagerungen von Rott. In Langau überwiegt der Koniferenpollen gegenüber dem Angiospermenpollen bei weitem, die Einstufung der Ablagerung in das Jungtertiär scheint daher festzustehen. Für die Gliederung des Jungtertiärs in Deutschland ist das Verhältnis zwischen geflügeltem und ungeflügeltem Koniferenpollen sehr charakteristisch. Während im Miozän die flügellosen Formen noch stark überwiegen, werden sie im Pliozän duch *Pinus*-Arten verdrängt. In Langau beträgt das Verhältnis geflügelte : ungeflügelte Formen im unteren Drittel des Flözes 22 : 78, im höheren Flözteil würde sich das Verhältnis noch weiter zugunsten der ungeflügelten Typen verschieben. Es wurde bereits dargelegt, daß das Pollenspektrum dieses Abschnittes sicher lokal beeinflußt ist, zur stratigraphischen Beurteilung daher weniger geeignet erscheint. Ähnliche Verhältniszahlen findet man nicht nur im Untermiozän Deutschlands, sondern auch interessanterweise im Pannon von Neufeld und im Pont von Rumänien (Klaus, 1950).

Die Ähnlichkeit zwischen der Neufelder und der Langauer Braunkohle liegt bezüglich der Pollenführung n u r in diesem überreichen Auftreten von flügellosem Koniferenpollen s. str., das jedoch hier wie dort faziell bedingt sein dürfte. Im übrigen zeigen sich wesentliche Unterschiede: Die Neufelder Kohle weist nicht nur einen höheren Prozentsatz an geflügeltem Koniferenpollen auf, es finden sich vor allem Großformen der *Pinus*-Typen sowie *Picea*-Formen und vereinzelt *Abies*-Pollen. *Tsuga*, das typische Leitfossil des Pliozän, fehlt in Langau. *Alnus*, in Langau nur vereinzelt zu finden, tritt in Neufeld mit 10% der Gesamtpollensumme im Durchschnitt auf. Dafür fehlen in Neufeld die in Langau reichlichen *Engelhardtia*-Formen, desgleichen die seltener auftretenden *Poll. brühlensis*-Formen, die *Sapotaceen* und *Symplocaceen*.

In bezug auf das Verhältnis zwischen geflügeltem und ungeflügeltem Koniferenpollen s. str. ist die Langauer Braunkohle wohl dem deutschen Untermiozän gleichzusetzen.

Auch im übrigen Pollenbestand sind die meisten Beziehungen zum mittleren bis unteren Miozän Deutschlands gegeben. Die Begleitflora des Koniferenpollens: *Castanea, Poll. brühlensis* Thomson, *Quercus, Carya, Pterocarya*, verschiedene *Betulaceen, Rhus, Ilex, Ericacee* u. a. ist charakteristisch (Thiergart, 1940).

In der oberen Flözgruppe der Grube Dieter, Kl. Steinberg bei Hann. Münden (Niedersachsen), die wahrscheinlich in das mittlere bis untere Miozän einzustufen ist, hat Kremp (1950) Schichten mit *Taxodieen*-Maxima aufgefunden, mit deren Pollenführung die Langauer Verhältnisse gut vergleichbar sind. In die folgende Tabelle wurde auch die Pollenflora eines ± mittelmiozänen Braunkohlenlagers (Tagbau von Delliehausen a. d. Haie [Solling], Flöz II, III) und eines ± oberoligozänen bis untermiozänen Flözes (Brunsberg bei Dransfeld, Solling) aufgenommen. Der Pollenbestand dieses Vorkommens läßt vor allem den flügellosen Koniferenpollen vermissen. Anscheinend fehlt er in Brunsberg überhaupt. (Die Angaben sind einer Arbeit von Kremp [1950] entnommen.)

Aus dieser Tabelle geht ziemlich eindeutig hervor, daß sich die Pollenflora von Langau im wesentlichen zu den ± mittelmiozänen Flözen von Kl. Steinberg und Delliehausen stellen läßt. Das starke Auftreten von *Castanoipoll. exactus* R. Pot hat eine Parallele im Untermiozän der Grube Marga bei Senftenberg, Niederlausitz. Der

	Pollenbestand in %			
	Brunsberg	Langau	Kl. Steinberg	Delliehausen
Flügelloser Koniferenpollen s. str.	—	31	30—82	3
Pinus (indet., silv., hapl. Typ)	2	9	7	5
Alnus	—	<1	<1	1—3
Coryloide-Typen	1	<1—28	2—21	34
Castanoipoll. exactus R. Pot.	2	4—39	<1	2
Quercoide-Typen	44	<1—7	<1—2	5
Poll. liblarensis Thomson	11	1	<1	1—3
Juglandaceae (Engelhardtia)	—	<1—6	<1—6	5
Platanoipoll. gertrudae R. Pot.	—	3—14	<1	—
Rhus-Typen	1	<1—6	1—6	16
Poll. brühlensis Thomson	36	<1—15	<1	17

verhältnismäßig hohe Anteil an *Platanoipoll. gertrudae* R. Pot. hat in deutschen Braunkohlenlagern scheinbar keine Vergleichsmöglichkeit. Die Frage, ob es sich hierbei um eine Besonderheit der Langauer Fazies handelt oder ob die Pollenform in unseren südlicher liegenden Braunkohlenlagern überhaupt reichlicher vorkommt, wird erst geklärt werden können, wenn mehrere palynologische Untersuchungen österreichischer Braunkohlenlager zum Vergleich vorliegen.

Aus der Gegenüberstellung des Pollenbestandes deutscher Braunkohlenlager und des Langauer Flözes geht hervor, daß die Langauer Braunkohle mit den ± mittelmiozänen Flözen von Delliehausen (Solling) im wesentlichen übereinstimmt. In bezug auf das reiche Vorkommen von *Castanoipoll. exactus* R. Pot. ist eine Parallele zu den untermiozänen Braunkohlen der Niederlausitz gegeben.

Neben den reichlicher auftretenden und zum Vergleich herangezogenen Pollenformen der Langauer Braunkohle wurden auch seltenere Typen gefunden, auf deren stratigraphischen Wert R. Potonié, Thomson und Thiergart wiederholt hinweisen. Hierher gehören vor allem die *Sapotaceen*-Formen. „Sie charakterisieren den ältesten Abschnitt der jüngeren Braunkohle, der wahrscheinlich noch in das oberste Oligozän fällt oder in der Nähe der Oligozän-Miozän-Grenze liegt (Chatt-Aquitan)" (Thomson,

1950). Eine ähnliche Bedeutung hat nach Thomson (1950, zit. R. Potonié 1951), *Lygodioispor. adriennis* R. Pot., der in deutschen Braunkohlen nicht höher als bis ins Chatt-Aquitan gehen soll. In Langau findet sich die Spore nahezu in jeder Probe. Der von Thiergart als *Poll. oculus noctis* beschriebene Pollentyp ist bisher nur in oligozänen Ablagerungen gefunden worden. Die in Langau auftretende und als *Poll.* cf. *oculus noctis* bezeichnete Form ist wesentlich kleiner; ein sehr ähnlicher Typus wurde aber von Kostyniuk (1938) ebenfalls aus oligozänen Ablagerungen beschrieben.

Eingangs wurde erwähnt, daß auf Grund neuer Fossilfunde die paläozoologische Einstufung des Langauer Braunkohlenvorkommens möglich wurde: Das Liegende des Flözes ist in das Burdigal zu stellen. Die palynologische Untersuchung führte im wesentlichen zu demselben Ergebnis. Das Auftreten der erwähnten „älteren Elemente" in der Pollenflora widerspricht nun keineswegs dieser Einstufung. Abgesehen davon, daß nach Thomson die *Sapotaceen*-Formen auch in Schichten gefunden wurden, die wahrscheinlich mehr oder weniger dem Burdigal entsprechen, wären für unsere südlicher liegenden Braunkohlenlager diese „älteren" Pollenformen nahezu zu erwarten. Mit der allmählichen Verschlechterung des Klimas im Laufe des Tertiärs, die von Norden ihren Ausgang nahm, verschwinden die wärmeliebenden Pflanzen oder weichen nach dem Süden aus. Reste dieser Pflanzen müßten sich daher bei uns als in südlicheren Gebieten länger finden, so daß eine direkte Parallelisierung einzelner Floren aus dem Tertiär nur dann erfolgen könnte, wenn die Fundstellen ungefähr die gleiche geographische Breite besitzen. Klaus (1950) hat diese zeitliche Verschiebung besonders deutlich aufzeigen können. Die Pollenflora aus dem Oberpannon von Neufeld entspricht dem deutschen Obermiozän und dem rumänischen Pont.

Im Miozän hingegen scheint das Klima in Deutschland und in unserer Gegend noch ziemlich gleich gewesen zu sein. Das Pollenbild spiegelt jedenfalls noch keine wesentlichen Unterschiede wider. Wie erwähnt, gehen die *Sapotaceen*-Formen auch in Deutschland bis in das Burdigal, die glatte *Lygodium*-Spore wurde von Klaus (1950) sogar aus der oberpannonen Kohle von Neufeld beschrieben. So bleibt praktisch nur die *Poll.* cf. *oculus noctis*-Form, über deren tatsächlichen stratigraphischen Wert aber bis jetzt noch zu wenig bekannt ist.

Als Ergebnis der palynologisch-stratigraphischen Beurteilung der Langauer Braunkohle läßt sich zusammenfassend folgendes feststellen:

1. **Die paläozoologische Einstufung des Vorkommens in das Burdigal läßt sich palynologisch bestätigen.**
2. **Ein direkter Vergleich mit deutschen Ablagerungen ist möglich.**

Zusammenfassung und Ergebnis der Arbeit.

In der vorliegenden Arbeit sind die Ergebnisse der paläobotanischen Untersuchungen der Braunkohle von Langau bei Geras, N.-Ö., zusammengefaßt. Besonderes Gewicht wurde auf die palynologische Bearbeitung gelegt, daneben wurden auch Holzreste und Kutikulen behandelt.

An Hand einer Reihe von Schnitten und Schliffen konnte Koniferenholz der Gattung *Taxodioxylon* Gothan, mit großer Wahrscheinlichkeit *Taxodioxylon sequoianum*, nachgewiesen werden. Angiospermenholz fand sich nur in Form von mikroskopisch kleinen Gefäßresten in Mazerationspräparaten.

Die Kutikulapräparate wurden fast ausschließlich durch Mazeration aus einer blättrigen Kohlenlage, die sich unmittelbar über dem Liegenden des Flözes befindet, gewonnen. Neben vorläufig unbestimmbaren Kutikulen von Früchten waren sehr häufig Moossporangien (?) und Wurzelbildungen, die zu *Typha* nahe Beziehungen zeigen, in der Kohle vertreten. In einem Mazerationspräparat konnte ein wenige Zellen großer Kutikularest von *Glyptostrobus* sp. aufgefunden werden.

Zwei vollständige Profilsäulen kamen zur palynologischen Untersuchung. Ein Pollendiagramm konnte nur von Profil 2 entworfen werden, die Proben von Profil 1 waren wegen zu geringer Pollenführung nicht auszuzählen. 37 Pollen- und 13 Sporenformen sowie eine Reihe verschiedener Pilzreste konnten in der Langauer Braunkohle aufgefunden werden. 5 Pollen- und 7 Sporentypen scheinen in der Literatur bisher nicht auf.

Soweit als möglich wurde zum Vergleich rezentes Pollenmaterial herangezogen. Die Untersuchungsergebnisse über einige Arten der Gattung *Salix* sind in die Originalarbeit aufgenommen.

Auf Grund des Vergleiches der Langauer Pollenflora mit dem Pollenbestand einiger deutscher Braunkohlenlager kann die paläozoologische Einstufung der Langauer Braunkohle in das **Burdigal** bestätigt werden.

Die Pollenführung unter- bis mittelmiozäner deutscher Braunkohlen stimmt im wesentlichen mit der Pollenflora von Langau überein. Ein direkter Vergleich war daher möglich.

Auf pollenanalytischem Weg läßt sich die Entwicklung des Langauer Hauptflözes rekonstruieren: Die Flözbildung begann mit einem offenen Niedermoor, das langsam verlandete. Der sich entwickelnde „*Myricaceen-Betulaceen*-Bruchwald" (mit reichlichem Dreieckspollen) wurde rasch von einem „*Taxodieen-Cupressoideen*-Bruchwald" verdrängt, der allmählich in einen „*Taxodieen*-Stillstandswald" überging. Im oberen Viertel des Flözes ist eine Wiederholung des Zyklus angedeutet. Er beginnt mit einem sprunghaften, sehr reichlichen Auftreten von Sumpfpflanzenpollen, das auf eine kurzzeitige Überflutung des Gebietes zurückgeführt wird. In großen Zügen entsprechen diese Verhältnisse der Entwicklung des Hauptflözes der Grube Liblar (Rheinische Braunkohle), wobei der „*Taxodieen-Cupressoideen*-Bruchwald" und der „*Sequoia*-Stillstandswald" von Thomson (1950) als Moorrandfazies aufgefaßt werden.

Die Flora des Langauer Braunkohlenvorkommens, wie sie sich auf Grund der vorliegenden Bearbeitung ergeben hat, ist in der folgenden Liste zusammengestellt. Da die meisten Pflanzen dieser Liste in Form ihres Pollens oder ihrer Sporen nachgewiesen werden konnten, ist nur dann ein Hinweis auf die Erhaltung dem Pflanzennamen beigefügt, wenn es sich um Stamm- oder Kutikulareste handelt.

Die Flora der Langauer Braunkohle:

Coniferae: Taxaceae, Taxodioideae, Cupressoideae (flügelloser Koniferenpollen s. str.); *Taxodioxylon sequoianum* (Fusit, Xylit); *Sciadopitys-Poll. serratus* R. Pot.; *Glyptostrobus* sp. (Kutikula); *Laricoipoll. magnus* R. Pot.; *Podocarpus*-Typ(?); *Abietineae-Poll. microalatus minor* R. Pot.; *Abietineae-Poll. labdacus minor* R. Pot.

Betulaceae: Alnus-Poll. verus R. Pot., *Poll. coryphaeus* R. Pot.

Fagaceae: Castanoipoll. exactus R. Pot. (2 Typen); *Quercoipoll. microhenrici* R. Pot.; *Cupuliferoipoll. liblarensis* Thoms.

Juglandaceae: Carya-Poll. simplex R. Pot.; *Pterocarya-Poll. stellatus* R. Pot.; *Engelhardtioipoll. microcoryphaeus* R. Pot.

Ulmaceae: Ulmoipoll. undulosus Wolff

Platanaceae: (?) *Platanoipoll. gertrudae* R. Pot.

Tiliaceae: Tilia, Poll. instructus R. Pot.; *Tilia* (?) cf. *Poll. instructus* R. Pot.

Anacardiaceae: Rhooipoll. dolium R. Pot.

Aquifoliaceae: Ilicoipoll. margaritatus R. Pot.; *Ilicoipoll. propinquus* R. Pot.

Araliaceae: Araliaceoipoll. edmundi tenuis R. Pot. & Ven.
Ericaceae: Ericaceoipoll. ericius R. Pot.; *Ericaceoipoll. roboreus* R. Pot.
Symplocaceae: Symplocoipoll. triangulus R. Pot.
Sapotaceae: Sapotaceoipoll. manifestus R. Pot.; *Sapotaceoipoll. micromanifestus* Thom.
Compositae: Anthemideoipoll. Hofmanniae n. spm.
Pollenites incertae sedis: Poll. brühlensis Thomson; *Poll.* cf. *oculus noctis* Thierg.; *Triporites langauense* 1. n. spm.; *Tricolporites langauense* 1 n. spm.; *Tricolporites langauense* 2 n. spm.; *Tricolporites langauense* 3 n. spm.
Liliaceae: Smilax-Typus
Thyphaceae; Typha cf. *angustifolia; Thypha* sp. (?) Wurzelreste
Osmundaceae: Osmunda-Sporites primarius Wolff
Schizeaceae: Lygodioispor. adriennis R. Pot. & Gell.
Polypodiaceae: Polypodiaceae-Spor. favus R. Pot.; *Polypodiaceae-Spor. Haardtii* R. Pot.
Psilotineae??: Ovoidites cf. *ligneolus* R. Pot., 5 Typen
Sporomorphae: Poll. (?) *multistigmosus* R. Pot. forma *magna* n. sp.; *Psilonapites ovobivalvis* Klaus; *Tetrapidites foveolatus* n. sp.; *Spinonapites micrococcus* n. spm.
Bryophyta: Moossporangien (?)
Fungi: Diverse Pilzsporen
Algae: cf. *Phycopeltis.*

Die Arbeit wurde am Paläontologischen Institut der Universität Wien ausgeführt.

Die Anregung zu dieser Arbeit verdanke ich meiner hochverehrten akademischen Lehrerin, Frau Professor Dr. E. H o f m a n n, der ich an dieser Stelle für die stets wohlwollende und selbstlose Förderung der Arbeit meinen herzlichsten Dank aussprechen möchte. Desgleichen danke ich Herrn Professor Dr. H ö f l e r, der die Drucklegung der Arbeit ermöglichte.

Literaturverzeichnis.

A r n o l d, Ch. A.: Microfossils from Greenland Coal. Pap. Mich. Acad. Sci., Arts a. Let., Vol. XV, 1931.
B a a s, I.: Eine frühdiluviale Flora im Mainzer Becken. Ztschr. Bot., Vol. 26.
B a c m e i s t e r, A.: Pollenformen aus den obermiozänen Süßwasserkalken der „Öhninger Fundstätten" am Bodensee. Ber. Geobot. Inst. Rübel, 1935.
B e r t s c h, K.: Lehrbuch der Pollenanalyse. Stuttgart 1942.
B o d e, H.: Die Fusitbildung vom Standpunkt der Waldbrandtheorie. Berg- u. Hüttenm. Ztschr. „Glückauf", 7. Jg., 1930.
— Die Pollenanalyse in der Braunkohle. Internat. Bergwirtsch. u. Bergtechn. 24, Halle 1931.

Van Campo-Duplan: Recherches sur la Phylogenie des Abietinées d'après leur Grains de Pollen. Toulouse 1950.
Cernjavski, P.: Über die rezenten Pollen einiger Waldbäume in Jugoslawien. Beih. Bot. Cbl. 54, Abt. B, 1936.
Cookson, I. C.: Pollen content of tertiary Deposits. Austr. J. Sci. VII, Nr. 5, 1945.
— Fossil Fungi from Tertiary Deposits in the Southern Hemisphere. Part. I, Proc. Linn. Soc. New South Wales, 1947.
— Plant Microfossils from the Lignit of Kerguelen Archipelago, 1947.
— On fossil Leaves (Oleaceae) and a new Typ of Fossil Pollen Grain from Australian Brown Coal Deposits. Proc. Linn. Soc. New South Wales, 1947.
— Fossil Pollen Grains of Proteaceous Type from Tertiary Deposits in Australia. Austr. Journ. Sci. Res. 3, 1950.
Darrah: Textbook of Palaeobotany, New York 1939.
Dokturowsky & Kudrjaschow: Schlüssel zur Bestimmung von Baumpollen in Torf. Geol. Arch., Vol. 3, 1924.
— Pollenanalytische Methoden und Pollenatlas. Mitt. wiss. exp. Torfinst., Moskau 1922.
Drahowzal, G.: Beiträge zur Morphologie und Entwicklungsgeschichte der Pollenkörner. Österr. Ztschr. Bot. LXXXV.
Edwards, W. N.: An Eocene Microthyriaceous Fungus from Mull in Scotland. Trans. Brit. Mycolog., Soc. 8, 1922.
Erdtman, G.: An Introduction to Pollenanalysis. Chrn. Bot. Coy. Waltham, Mass., USA., 1943.
— Beitrag zur Kenntnis der Mikrofossilien im Torf und Sedimenten. Ark. Bot. 18, Nr. 14, Stockholm 1924.
— Über die Verwendung von Essigsäureanhydrit bei Pollenuntersuchungen. Svensk. Bot. T. 28, 1934.
— Neue Pollenanalytische Untersuchungsmethoden. Geobot. Inst. Rübel, 1936.
— New Methods in Pollenstatistics. Svensk. Bot. T., Vol. 30, 1936.
— Suggestions for the Classifications of fossil and recent Pollen Grains and Spores. Svensk. Bot. T. 41, 1947.
— Literature on Palynology XI, Geol. Förh. Stockholm Förh. 1948.
Faegri & Iversen, I.: Textbook of modern Pollen Analysis. Kopenhagen 1950.
Firbas, F. u. I.: Zur Frage der größenstatistischen Pollendiagnosen. Beih. Bot. Centr. Bl. 54, Abt. B, 1936.
Fischer, H.: Beiträge zur vergleichenden Morphologie der Pollenkörner. Diss. Breslau 1890.
Florin, R.: Untersuchungen zur Stammesgeschichte der Coniferales und Cordaitales. Kungl. Svensk. Vet. Handl. Stockholm 1931.
Fritsche, C. I.: Über den Pollen. Mem. Sav. Etrang. Acad. St. Petersburg, Vol. 3, 1937.
Gothan, W.: Palaeobiologische Betrachtungen über die fossile Pflanzenwelt. Fortschr. Geol. Paläont., H. 8, 1924.
Hofmann, E.: Paläobotanische Untersuchungen über das Kohlenvorkommen im Hausruck. Mitt. Geol. Ges. Wien 1927.
— Einiges über paläobotanische Untersuchungsmethoden. Mikrokosmos, H. 5 u. 6, 1929/30.
— Paläobotanische Untersuchungen an Braunkohlen aus dem Geiseltale und von Gaumnitz. Jb. Halleschen Verb. Erforsch. mitteld. Bodensch. 9, 1930.
— Epidermisreste und Blattabdrücke aus den Braunkohlenlagern des Geiseltales. Nova Acta Leop., Neue Folge, Bd. 1, H. 1, 1932.

Hofmann, E.: Paläohistologie der Pflanze. Wien 1934.
— Eine verkieselte Palme im Tertiär von Retz in Niederösterreich. Sitz.-Ber. d. Akad. d. Wiss. Wien, math.-naturw. Kl. 145, H. 1 u. 2, 1936.
— Das Flyschproblem im Licht der Pollenanalyse. Phyton, Vol. 1, Fasc. 1, 1948.
— Neues von der Pollenanalyse (zugleich kurzer Bericht über die dem VII. Internat. Botanikerkongreß vorausgehende palynol. Konferenz in Bromma-Stockholm, im Juli 1950). Schr. Ver. Verbr. naturw. Kenntn., Wien 1951.
Horst, U.: Zur Mikrostratigraphie der Kohlen. Bergb. Arch., Bd. 13, „Glückauf", 1950.
Iversen, I.: Sekundärer Pollen als Fehlerquelle. Danm. Geol. Unders., Bd. 2, Nr. 15, 1936.
Jaeger u. Weyland: Zur Pollenführung des Hauptflözes der Ville. Braunkohle 33, 1934.
Jaeschke, I.: Zur Frage der Artdiagnose der Pinus silvestris, Pinus montana und Pinus cembra durch variationsstatistische Größenmessungen. Beih. Bot. Cbl. 52, Abt. B, 1935.
Jainecker, E.: Pflanzenhistologische Untersuchungen an den Hausrucker Braunkohlen. Diss. phil. Fak. Univ. Wien 1950.
Jurasky, K. A.: Aufgaben und Ausblicke für die paläontolog. Erforschung der niederrheinischen Braunkohlen. „Braunkohle", H. 20, 1928.
— Paläobotanische Braunkohlenstudien II. Senkenbergiana 1928.
— Neue Untersuchungen und Gedanken zur Entstehung fossiler Holzkohle. Brennst. Geol. H. 2, 1929.
— Über rezentes und fossiles Harz. Brennst. Chemie, 12, 1931.
— Gewebeformveränderungen bei Fusit und Holzkohle. (Eine Entgegnung auf Bodes gleichnamige Ausführungen.) „Braunkohle", H. 24, 1939.
— Kutikular-Analyse. Biol. Gen., I., II., III. Teil, 1934/35.
— Deutschlands Braunkohlen und ihre Entstehung. Berlin 1936.
— Kohle. Naturgeschichte eines Rohstoffs. Berlin 1940.
Kirchheimer, F.: Braunkohlenforschung und Pollenanalytik. „Braunkohle", H. 21, 1930.
— Fossile Sporen und Pollenkörner als Thermometer der Inkohlung. Brennst. Chemie, Bd. 12, 1931.
— Zur Pollenanalytischen Braunkohlenforschung I. u. II. „Braunkohle", 1931.
— Über Pollen aus der jungtertiären Braunkohle von Salzhausen (Oberhessen). Neues Jb. Min. Geol. u. Paläont. 1932.
— Ein Beitrag zur Kenntnis der Pollenformen der Eozänbraunkohle des Geiseltales. Nova Acta Leop., Neue Folge, Bd. 1, H. 1, 1932.
— Das Braunkohlenlager der Wetterau. Wetterauische Ges., Hanau 1934.
— Neue Ergebnisse und Probleme paläobotan. Braunkohlenforschung. „Braunkohle", 1934.
— Die Erhaltung der Sporen und Pollenkörner und ihre Veränderung durch die Aufbereitung. Bot. Arch. 1935.
— Die Korrosion des Pollens. Beih. Bot. Cbl. 53, Abt. A.
— Grundzüge einer Pflanzenkunde der deutschen Braunkohlen. Halle 1937.
— Bemerkungen über die botanische Zugehörigkeit von Pollenformen aus den Braunkohlenschichten. Planta 28, 1938.
— Mikrofossilien aus Salzablagerungen des Tertiärs. Paläontogr., Bd. XC, Abt. B, 1950.
Klaus, W.: Palynologische (Pollenanalytische) Untersuchungen an der oberpannonen Braunkohle von Neufeld a. d. L. Diss. phil. Fak. Wien 1950.

Knoll, F.: Über Pollenkitt und Bestäubungsart. Ztschr. Bot. 1930.
— Über die Fernverbreitung des Blütenstaubes durch den Wind. Forsch. u. Fortschr., Jg. 23/24, 1932.
Knox, E. M.: Spore Morphology in British Ferns. Trans. Proc. Bot. Soc. Edinburgh 1951.
Kostyniuk, M.: Über die tertiären Pollen und Koniferenhölzer von einigen Gegenden Polens. Kosmos, Jb. Soc. Pol. Nat. „Kopernik" 1938.
Kräusel, R.: Ist Taxodium distichum oder Sequoia sempervirens der Charakterbaum der deutschen Braunkohle? Ber. deutsch. Bot. Ges. 39, H. 7, 1921.
— Paläobotanische Notizen V. Über einige fossile Koniferenhölzer. Senkenbergiana, Bd. 3, H. 5, 1921.
— Werdegang einiger deutscher Braunkohlenlager. Ostdeutsch. Naturw., H. 4, 1925.
— Die paläobotanischen Untersuchungsmethoden. Jena 1929.
Kremp, G.: Pollenanalytische Untersuchungen des Braunkohlenflözes Beuern bei Gießen. Notizbl. Hess. L. A. Bodenreform VI, H. 1, 1950.
— Pollenanalytische Braunkohlenuntersuchungen im südlichen Teil Niedersachsens, insbesondere im Solling. Geol. Jb. 64, 1950.
— Pollenanalytische Untersuchung des miozänen Braunkohlenlagers von Konin a. d. Warthe. Paläontogr. 90, Abt. B, 1949.
Kubart, B.: Beiträge zur Tertiärflora der Steiermark nebst Bemerkungen über die Entstehung der Braunkohlen. Arb. Inst. phytopaläont. Lab. Univ. Graz 1924.
Mägdefrau K.: Paläobiologie der Pflanzen. Jena 1953.
Mayer, A. K.: Paläobotanische Untersuchungen an Braunkohlen vom Hausruck, Diss. phil. Fak. Wien 1941.
Meinke, H.: Atlas zur Pollentechnik. Bot. Arch. 19, Königsberg 1927.
Mohl, H.: Über den Bau und die Formen der Pollenkörner. Bern 1934.
Overbeck, F.: Zur Kenntnis der Pollen nord- und mitteleuropäischer Ericales. Beih. Bot. Cbl. 51, Abt. B, 1934.
Papp, A., u. Thenius, E.: Über die Grundlagen der Gliederung des Jungtertiärs und Quartärs in Niederösterreich. Sitz.-Ber. d. Akad. d. Wiss., math.-naturw. Kl., Abt. I, 158, H. 9, 10, 1949.
Petraschek, W.: Kohlengeologie der österreichischen Teilstaaten, II. Teil, Katowice 1926—1929.
— Österreichs Kohlenlager. Ztschr. Berg-, Hütten- u. Salinenwesen im Deutsch. Reich, 1937.
Potonié, H., Gothan, W.: Lehrbuch der Paläobotanik, Berlin 1921.
Potonié, R.: Allgemeine Kohlenpetrographie, Berlin 1934.
— Die Entstehung der holzkohlenartigen Bildungen der Kohlenflöze. Kohle und Erz, 1, Berlin 1929.
— Spuren von Wald- und Moorbränden in Vergangenheit und Gegenwart. Jb. preuß. geol. L. A. 49, 1929.
— Pollenformen der miozänen Braunkohle (2. Mitt.). S. B. Ges. Naturf. Freunde, Berlin 1931.
— Pollenformen aus tertiären Braunkohlen (3. Mitt.). Jb. preuß. geol. L. A., Berlin 1931.
— Zur Mikroskopie der Braunkohlen. Tertiäre Blütenstaubformen (4. Mitt.). Braunkohle, H. 6, 1931.
— Stärkere Berücksichtigung der Pollen und Sporen bei pharmakognostischen Untersuchungen. Pharm. Ztg. Nr. 42, 1934.
— I. Zur Morphologie der fossilen Pollen und Sporen.

Potonié R.: II. Zur Mikrobotanik des eozänen Humodils des Geiseltales. Arb. Inst. Paläobot. 4, 1934.
— Zum Stand der mikropaläobotanischen Tertiärstratigraphie (Vortrag Mainz, 1949). Geol. Rundsch. 1949.
— Über die Nomenklatur der tertiären und älteren Pollen und Sporen. Palynolog. Konf. Bromma 1950; Abstracts.
— Pollen- und Sporenformen als Leitfossilien des Tertiärs. Mikroskopie, Bd. 6, H. 9/10, 1951.
— Revision stratigraphisch wichtiger Sporomorphen des mitteleuropäischen Tertiärs. Paläontogr., Bd. XCI, Abt. B, 1951.
Potonié, R., u. Gelletich, J.: Über Pteridophytensporen einer eozänen Braunkohle aus Dorog in Ungarn. S. B. Ges. Naturf. Freunde, Berlin 1933.
Potonié, R., Thomson, P. W., Thiergart F.: Zur Nomenklatur und Klassifikation der neogenen Sporomorphae (Pollen und Sporen). Jb. preuß. Geol. L. A. 65, 1950.
Potonié, R., u. Venitz: Zur Mikrobotanik des eozänen Humodils der niederrhein. Bucht. Arb. Inst. Paläobot. 5, 1934.
Potonié, R., Wicher, C., Loose, F.: Zur Mikrobotanik der Braunkohlen und ihrer Verwandten. Arb. Inst. Paläobot. 1934.
Rudolph, K.: Paläobotanische Untersuchungen der Ablagerungen des Reichenberger Braunkohlenbeckens. Mitt. Ver. Naturfr. Reichenberg 1935.
— Mikrofloristische Untersuchungen tertiärer Ablagerungen im nördlichen Böhmen. Beih. Bot. Cbl. 54, Abt. B, 1935.
Sears, P. B.: Commen fossil Pollen of the Erie Basin. Bot. Gaz. 89, Chikago 1930.
Selling, O. H.: Studies in the rezent and fossil species of Schizeaceae, with particular reference to their spore characters. Göteborg 1944.
Simpson, I. B.: Fossil Pollen in Scottish tertiary Coals. Geol. Surv. 19, Edinburgh 1936.
Stadler, E. H.: Paläobotanische Untersuchungen an der Braunkohle der Grillenberger Mulde. Diss. phil. Fak. Wien 1940.
Straka, H.: Untersuchungen über Salix-Pollen. Palynolog. Konf. Bromma, Abstracts 1950.
Thiergart, F.: Die Pollenflora der Niederlausitzer Braunkohle, besonders im Profil der Grube Marga bei Senftenberg. Jb. preuß. geol. L. A. 58, 1937.
— Die Tertiärstufen im Spiegel der Pollenanalyse. Braunkohle 38, 1939.
— Die Mikropaläontologie als Pollenanalyse im Dienst der Braunkohlenforschung. Brennst. Geol. H. 13, 1940.
— Die Sciadopityszone und der Sciadopitysvorstoß in der Niederrheinischen Braunkohle. Braunk., Wärme u. Energ. 1, 1949.
— Kohlige Erhaltungszustände einiger flügelloser Koniferenpollen im Tertiär. Planta 38, 1950.
— Pollenformen aus den tertiären Braunkohlen vom Niederrhein. Geol. Jb. 65, 1950.
Thomson, P. W.: Die Resultate pollenanalytischer Untersuchungen von Braunkohlen aus Holstein. Z. deutsch. geol. Ges. 93, 1941.
— Alttertiäre Elemente in der rheinischen Braunkohle. Paläontogr. 88, Abt. B, 1948.
— Alttertiäre Elemente in der Pollenflora der rheinischen Braunkohlen und einige stratigraphisch wichtige Formen derselben. Paläontogr. 90, Abt. B, 1949.
— Die Entstehung von Kohlenflözen auf Grund von mikropaläontologischen Untersuchungen des Hauptflözes der rheinischen Braunkohle. Braunk., Wärme u. Energ. 2, 1950.

Thomson, P. W.: Grundsätzliches zur tertiären Pollen- und Sporenmikrostratigraphie auf Grund einer Untersuchung des Hauptflözes der rheinischen Braunkohle in Liblar, Neurath, Fortuna und Brühl. Geol. Jb. 65, 1950.

Toifl, Hertha: Pollenanalytische (palynologische) Untersuchungen an der untermiozänen Braunkohle von Langau bei Geras, N.-Ö. Diss. phil. Fak. Univ. Wien, 1952 (Originalarbeit mit zahlreichen Mikrophotos, Zeichnungen und Tahellen).

Trela, I.: Zur Morphologie der einheimischen Tilia-Arten. Bull. Acad. Polon. Sci. Letter., 1928.

Vetters, H.: Erläuterungen zur Geologischen Karte von Österreich und seinen Nachbargebieten. Wien 1937.

Waldmann, L.: Das außeralpine Grundgebirge der Ostmark (in Schaffer, Geologie der Ostmark). Wien 1943.

Wettstein, R.: Handbuch der systematischen Botanik, 4. Aufl., Leipzig u. Wien 1935.

Wodehouse, R.: Tertiary Pollen., I., II., Bull. Torr. Club. 59, 60, 1933.
— Pollen-Grains. New York 1935.

Wolff, H.: Mikrofossilien des eozänen Humodils der Grube Freigericht bei Dettingen a. M. und Vergleich mit älteren Schichten des Tertiärs sowie posttertiärer Ablagerungen. Arb. Inst. Paläobot. 1934.

Zander, E.: Pollengestaltung und Herkunftsbestimmung bei Blütenhonig. Berlin 1935.

Zapfe, H., Zur Altersfrage der Braunkohle von Langau bei Geras in Niederösterreich. Berg- u. Hüttenm. Jb. 98, 1, Wien 1953.

Als Anhang wurde die graphische Darstellung der Pollenverteilung im Profil des Braunkohlenbergbaues Langau, Niederösterreich, in Form von Flächendiagrammen beigegeben. Die vertikal angegebenen Höhen sind vom Liegenden zum Hangenden gemessen. Horizontal ist die Häufigkeit der einzelnen Pollenformen in Prozenten der Gesamtpollen- und Pteridophytensporensumme aufgetragen. Der Originalarbeit liegen außerdem eine graphische Darstellung der Pollenverteilung in Form von Liniendiagrammen, eine graphische Darstellung der Verteilung von Pollen, Pteridophytensporen und Pilzsporen im Profil, sowie ein Lageplan des Bergbaues Langau bei.

Additional information of this book

(Pollenanalytische (palynologische) Untersuchungen an der untermiozänen Braunkohle von Landau bei Geras, N. -Ö; 978-3-662-23180-7) is provided:

http://Extras.Springer.com

Die in den Sitzungsberichten Abtlg. I und Abtlg. II a der math.-nat. Klasse der Österr. Ak. d. Wiss. erscheinenden Abhandlungen werden auch einzeln abgegeben. Sie können durch jede Buchhandlung oder direkt durch die Auslieferungsstelle der Österreichischen Akademie der Wissenschaften (Wien I, Singerstraße 12) bezogen werden.

Nachfolgende Abhandlungen aus dem Fach der Zoologie sind erschienen:

1950 (S I Bd. 159):

Pesta O. und Kuchar K.: Limnologische und hydrobakteriologische Untersuchungen an drei Hochgebirgstümpeln im Wattental (Tirol), 10 Seiten. S 7.80

1951 (S I Bd. 160):

Attems C.: Ergebnisse der Österreichischen Iran-Expedition 1949/50: Myriopoden vom Iran, gesammelt von der Expedition Heinz Löffler und Genossen 1949/50 (mit 47 Textabbildungen), 39 Seiten. S 23.—

Ehrenberg K.: Beobachtungen über Lebensspuren und Nahrungsweise der Bisamratte (Fiber zibethicus L.) (mit 3 Tafeln), 21 Seiten. S 14.—

Pesta O.: Ergebnisse der Österreichischen Iran-Expedition 1949/50: Studie an Süßwasserkrabben aus Persien (Iran) (mit 1 Textabbildung), 5 Seiten. S 3.—

Wettstein O.: Ergebnisse der Österreichischen Iran-Expedition 1949/50: Amphibien und Reptilien. Mit biologischen Zusätzen von H. Löffler, 21 Seiten. S 9.—

Willmann C.: Untersuchungen über die terrestrische Milbenfauna im pannonischen Klimagebiet Österreichs (mit 39 Textabbildungen), 85 Seiten. S 36.—

1952 (S I Bd. 161):

Böhm L. K., w. M., und Supperer R.: Die Mondblindheit der Einhufer, verursacht durch die Mikrofilarien von Onchocerca reticulata Diesing (mit 4 Textabbildungen und 1 Tafel), 8 Seiten. S 4.50

Hemsen J.: Ergebnisse der Österreichischen Iran-Expedition 1949/50: Cladoceren und freilebende Copepoden der Kleingewässer und des Kaspisees (mit 72 Textabbildungen), 59 Seiten. S 28.10

Kuchar K. W.: Bakteriologische Beobachtungen an zwei Hochgebirgstümpeln der Kitzbühler Alpen (Tirol), 14 Seiten. S 6.80

Pesta O., k. M.: Beobachtungen über die Entomostrakenfauna der Tümpel auf der Gerlosplatte (1640 m ü. d. Meer), 4 Seiten. S 2.40

Pesta O., k. M.: Biologische Beobachtungen an einigen Hochgebirgstümpeln der Kitzbühler Alpen (Tirol) (mit 1 Tafel und 1 Textabbildung), 3 Seiten. S 6.10

Roewer C. Fr.: Die Solifugen und Opilioniden der Österreichischen Iran-Expedition 1949/50 (mit 2 Textabbildungen), 7 Seiten. S 3.20

1953 (S I Bd. 162):

Böhm L. K., w. M., und Supperer R.: Beobachtungen über eine neue Filarie (Nematode), Wehrdikmansia rugosicauda Böhm & Supperer 1953, aus dem subkutanen Bindegewebe des Rehes (mit 6 Textabbildungen). S 6.40

Brehm V.: Notizen zur Süßwasser-Mikrofauna von Borneo und Cebu (Philippinen) (mit 4 Textabbildungen). S 3.30

Brehm V.: Pseudoboeckella remotissima n. sp., die erste Pseudoboeckella aus dem australischen Sektor der Antarktis (mit 6 Textabbildungen). S 4.50

Nemenz H.: Ergebnisse der Österreichischen Iran-Expedition 1949/50. Ixodidae. S 1.40

Ochs G.: Ergebnisse der Österreichischen Iran-Expedition 1949/50. Gyrinidae (Coleoptera). S 4.30

Ratzenhofer M.: Studien über die Gewichtsveränderungen bei der Entwicklung des Großen Kohlweißlings (mit 3 Textabbildungen) S 9.10

Ruttner-Kolisko Agnes: Psammonstudien I. Das Psammon des Torneträsk in Schwedisch-Lappland (mit 4 Textabbildungen und 2 Tafeln). S 20.90

Stundl K.: Der Gleinkersee bei Windischgarsten, Oberösterreich. S 3.20

Wettstein O.: Herpetologia aegaea (mit 2 Karten, 1 farbigen und 7 schwarzen Tafeln). S 122.—

Willmann C.: Neue Milben aus den östlichen Alpen (mit 52 Textabbildungen). S 35.40

MIX
Papier aus verantwortungsvollen Quellen
Paper from responsible sources
FSC® C105338

If you have any concerns about our products,
you can contact us on
ProductSafety@springernature.com

In case Publisher is established outside the EU,
the EU authorized representative is:
**Springer Nature Customer Service Center GmbH
Europaplatz 3, 69115 Heidelberg, Germany**

Printed by Libri Plureos GmbH
in Hamburg, Germany